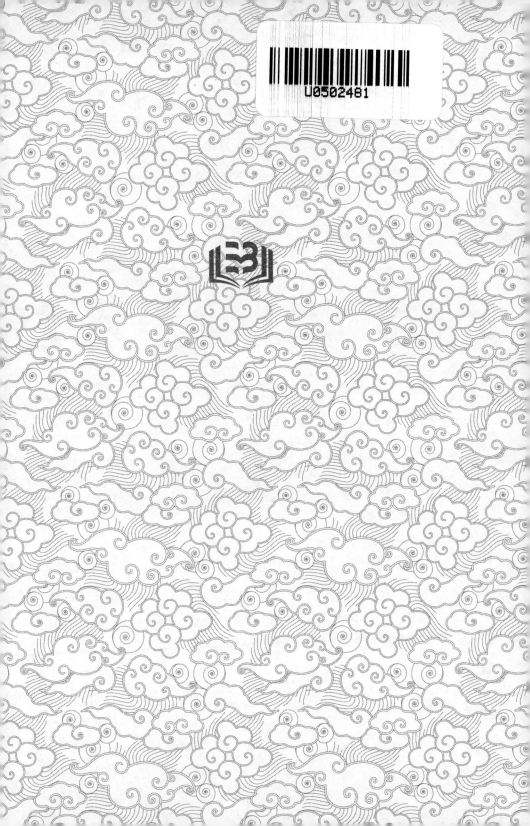

# 归心之道

谢普 编著

台海出版社

**图书在版编目（CIP）数据**

归心之道 / 谢普编著 . -- 北京：台海出版社，
2024. 10. -- ISBN 978-7-5168-4022-1

Ⅰ . B821-49

中国国家版本馆 CIP 数据核字第 20242D008S 号

# 归心之道

编　著：谢　普

责任编辑：姚红梅　　　　　　　　封面设计：舒园设计工作室
策划编辑：兮夜忆安

出版发行：台海出版社

地　　址：北京市东城区景山东街 20 号　　邮政编码：100009

电　　话：010-64041652（发行，邮购）

传　　真：010-84045799（总编室）

网　　址：www.taimeng.org.cn/thcbs/default.htm

E－mail：thcbs@126.com

经　　销：全国各地新华书店

印　　刷：天津海德伟业印务有限公司

本书如有破损、缺页、装订错误，请与本社联系调换

开　　本：640毫米×910毫米　　　　1/16

字　　数：98千字　　　　　　　　印　　张：10

版　　次：2024年10月第1版　　　　印　　次：2024年10月第1次印刷

书　　号：ISBN 978-7-5168-4022-1

定　　价：59.00 元

# 前　言

同样是进大观园，刘姥姥欣喜异常，林妹妹却伤心不已。面对同样的江水，李后主浅吟低唱道："问君能有几多愁？恰似一江春水向东流。"而苏东坡则纵酒高歌："大江东去，浪淘尽，千古风流人物。"

景无异，人有别。不同的人，有不同的心境；不同的心境，导致了人对外界不同的感受。人刚来到这个世界时，内心澄明而纯净。你看，每一个婴儿的笑容，都是那么纯净而美好、明亮而温暖。那笑容，如同晨曦般透彻，仿佛整个世界都在他们的笑容中被净化。

然而，随着岁月的流逝和世事的磨砺，不少人丢失了初心。他们在忙碌与纷扰中渐渐忘却了最初的纯真和宁静。生活的压力和外界的干扰，使他们的心灵被层层尘埃覆盖，失去了昔日的光彩。

人来到这个世界，不仅仅是为了追求物质的富足，更是为了追求心灵的回归和内在的平衡。只有找到内心的宁静，才能真正实现幸福和满足。那份宁静，不是逃避现实，而是在纷繁复杂的生活中，找到一片属于自己的心灵净土。

正如婴儿的笑容，我们每个人的内心深处，都有一片纯净的天地。那是我们最初的样子，是未被污染的内心世界。只有回到那片天地，我们才能感受到真正的平静与快乐。

世事变幻，人心易老。无论外界如何纷扰，我们都应守住内心的那份纯净，像婴儿一样，用最简单、最纯粹的心去感受世界。让我们在追求物质生活的同时，不忘对心灵的修炼，找到内心的宁静和平衡，回归最初的本质，追寻真正的幸福与满足。

现在开始，请答应自己——

要坚强，任何东西也无法扰乱内心的静谧；

和见到的每一个人谈的都是关于健康、幸福和舒畅；

让所有的朋友都感到他们各有所长；

任何事物皆能窥见其光明的一面，使快乐信条处处应验；

只想令人快乐的事情，仅盼让人欣然的结局；

对待别人的成功如同自己的成功，报以同样的欢呼；

忘却以往的过失，义无反顾地争取更大的建树；

将永远面带愉悦，向所遇到的每一个人送上开心的笑意；

忙于完善自己，而无暇对他人吹毛求疵。

# 目　录

第一章　在心中寻找幸福快乐

003 | 活着的意义

006 | 守住心中的阳光

008 | 做棵心安草

009 | 问心无愧就好

011 | 良心 = 良好的心情

013 | 双胞胎的心态

015 | 幸福就在眼前

017 | 追求幸福的障碍是心太大

018 | 用心活在当下

020 | 心中知足的人能常乐

022 | 青春是一种心情

024 | 心灵清澈即为幸福之源

026 | 把幸福当成一种习惯


第二章　我的心情我做主

031 | 好心情的威力

033 | 你心里觉得好就行

034 | 快乐其实很简单

036 | 简化你的生活

037 | 点自己喜欢吃的菜

038 | 心情的遥控器在你手里

040 | 一个人玩也蛮好

041 | 以优雅之心独处

043 | 一万个开心的理由

045 | 勇敢地说"不"

047 | 开心笑的价值无限

049 | 别让小事坏了心情

051 | 让心灵无尘

第三章　拥有好心情的小招数

055 | 用"加减乘除"获得好心情

057 | 使用正面积极的语言

059 | 先找优点，再看缺点

061 | 矫正心情前先矫正身体

062 | 使用愉快的声调说话

064 | 换个角度看问题

066 | 静下心在书中寻找快乐

069 | 用音乐洗涤心灵

第四章　工作需要好心情

073 | 做自己喜欢的工作最快乐

075 | 繁忙中也有乐趣

077 | 沉醉中的欢乐

079 | 打卡生活巧调整

082 | 改变环境，不如改变心情

083 | 四个消除职场焦虑的方法

085 | 让心情轻轻松松

087 | 心里不妨糊涂一点


第五章　用好心情调制爱情之酒

091 | 别把话留到下次说

093 | 铃铛不会自己响

094 | 主动让道

096 | 欣赏别人可爱的一面

097 | 别问公平不公平

098 | 苏菲的黄玫瑰

100 | 莫让爱成为伤害

101 | 爱情保鲜术


第六章　家的港湾因好心情而温馨

105 | 让配偶保持好心情

106 | 感谢停电

107 | 有心才有好心情

109 | 爱的礼物

113 | 只要你心里喜欢

114 | 为什么不好好沟通


第七章　人际关系因好心情而融洽

117 | 助人为乐者乐

119 | 心灵不设"墙"

121 | 何苦两败俱伤

122 | 感谢你的对手

123 | 擦净自家的窗户

124 | 花圈与鲜花

126 | 将心比心

127 | 他人气我我不气

第八章　大声向坏心情说拜拜

131 | 心情最重要，别的先放下

133 | 不抱怨，只解决问题

134 | 留一分欢喜给自己

136 | 找一个装"多余"的兜

138 | 自嘲是保持心理平衡的良方

140 | 让自己的心亮起来

141 | 最难出狱的是心牢

142 | 把昨天的门关上

143 | 让失去变为可爱

145 | 敞开心扉

147 | 常做心灵"大扫除"

# 第一章

## 在心中寻找幸福快乐

人们总是为幸福预设许多前提，殊不知幸福是不需要理由的。一个人的快乐不在于他拥有的多，而在于他计较的少。

# 活着的意义

有没有想过：我们来到人间是为了什么呢？

有人认为是为了享受生活。有人认为是为了承受痛苦。还有人认为：既要承担生活给我的磨难，也要享受生活赐予我的幸福。

前两种人只答对了一半，第三种人才完全理解了人生的价值。

人来到这个世界上是为了什么？这是我们每个人都必须思考的问题。首先要认识到人能到这个世上来，的确是很不容易的。据说地球上生物的历史是40亿年，而人类的历史是几百万年，经过如此漫长的岁月才造就了我们，我们是何等的幸运！也有人说，地球上的生物大约有150万种，我们降生为人，其概率为1/150万。仔细想想，这是多么难得的机遇！如果我们能常常想到这一点，就不会愿意糊里糊涂地混一辈子，没有理想，没有追求，只是为了享受，不去承受痛苦，否则不仅享受不到生活赐予的真正幸福，还有可能变为寄生虫。所以人既要承受痛苦，也要享受生活，这才是生命的全部价值。

英国伟大的哲学家罗素认为，对爱情的向往、对知识的渴望，以及对人类灾难深深的怜悯，是人生价值的精髓。他说："我追求爱情，因为它叫我销魂，减轻孤独感……我以同样的热情追求知识。我想理解人类的心灵，我想了解星辰为何灿烂。爱情和知识只要存在，总是向上导往天堂。但是，怜悯又总是把我带回人间。痛苦的呼喊在我心中反响、回荡。孩子们受饥荒煎熬，无辜者被压迫者折磨，孤弱无助的老人在自己的儿子眼中变成可恶的累赘，以及世上触目皆是的孤独、贫困和痛苦——这些都是对人类应该过的生活的嘲弄。我渴望能减少罪恶，这就是我的一生，我觉得自己这一生是值得活的，如果真有可能再给我一次机会，我将欣然重活一次。"

罗素把人生的意义揭示得生动又深刻。的确，没有爱情的生活是苍白的，没有知识的生活是愚昧的，而对人类自身的同情和关怀，则是区别伟人与平庸者的一个重要指标。

俗话说，人活着就要活得有价值。例如有位残疾的女子，她本来可以只躺在床上，什么都不用做，什么都可以不去追求，反正有人会关心和同情她。可是她却认为别人的关心和同情只会冲淡生命的滋味，所以，她为自己选择了重新酿造生活的蜜浆的艰苦道路，承担了生活给她的磨难。她克服了常人难以想象的困难，自学了英语、日语、德语等语言，并翻译出版了16万字的著作和资料。她还下苦功夫学习医学知识，前后替约10000多人治疗疾病，她在承受痛苦的同时从中也享受到了成功的喜悦，还享受到了人间的情和爱。

俄国作家奥斯特洛夫斯基在战争时因受伤而流血不止，使得他双目失明，全身瘫痪，被牢牢地禁锢在病床上。他承受了难以忍受的痛苦，克服了重重困难，终于写成了《钢铁是怎样炼成的》这部闻名世界的长篇小说。他说："尽管如此，我仍然是一个无比幸福的人。""尽管我忍受着自己病体的种种痛苦，但我仍然为我们国家的每一个胜利而欢欣鼓舞，再没有比战胜这种种苦痛更使人感到幸福和快乐的事情了。"从以上这些人物的身上我们发现了一个珍惜生命的真理：只要一个人有了理想、有了追求，生命就有了价值。生命有了价值，就能在承受痛苦的同时享受生活赐予自己的幸福。

人最宝贵的是生命，生命属于每个人，却只有一次。当我们离开这个世界后，不会再有这样的机会和幸运了。人既然有幸活在这个世上，就要勇敢地承担生活带来的磨难，也要好好地享受生活赐予的幸福。

# 守住心中的阳光

一个人要想拥有好心情，就要守住自己心中那片灿烂的阳光。这里所说的阳光是指自己的自尊、尊严。曾经听过这样一句话：喜欢自己，就要学会善待自己、欣赏自己，使自己像阳光那样热情奔放，不可或缺，让自己的尊严高高飞扬，活出真自我。

如果你不明白，可以读一读安迪的故事。

纵使在美女如云的深圳，安迪也算得上一个天生丽质、秀外慧中的女孩。所以，她轻而易举地找到了一份好工作——在一家合资公司做总经理秘书。

而现在，安迪却辞工到一家酒店餐饮部去工作，当了普通的服务小姐。这种落差让人惊诧。"你该知道的，我的上司是一个衣冠楚楚的人，但遗憾的是他也仅仅衣冠楚楚罢了。"安迪淡淡一笑，"所以我辞工的时候什么都没带走，我只要回了我自己。"

其实，安迪应该说，她只是捍卫了她做人的尊严，或者她守护了她理想中那片粲然的阳光。

安迪说她永远忘不了这个小故事：从前一个国王看见一个躺在马路上的乞丐，这个国王一时恻隐心起，问那乞丐："你需要得到我的帮助吗？"那衣衫褴褛、蓬头垢面的乞丐望了望国王，说："需要，请站到一边去，别挡住我的阳光。"

"所以，"安迪说，"一个自尊自强的人总会活出自己的风采。因为纵使身处逆境时他还有资格对别人说：别挡住我的阳光！"

只要精神之树不倒，每个人都可以是笑傲命运的富翁；只要自己心中有一方晴空，那么灿烂的阳光就会照耀大地。

　　人的一生，就像一趟旅行，沿途中有数不尽的坎坷泥泞，但也有看不完的春花秋月。如果我们的心总是被灰暗的风尘所覆盖，干涸了心泉、黯淡了目光、失去了生机、丧失了斗志，我们的人生轨迹岂能美好？而如果我们能保持一种健康向上的心态，即使身处逆境、四面楚歌，也一定会有"山重水复疑无路，柳暗花明又一村"的那一天。

# 做棵心安草

一个国王独自到花园里散步，使他万分诧异的是，花园里所有的花草树木都枯萎了，园中一片荒凉。

后来国王了解到，橡树由于没有松树那么高大挺拔，因此轻生厌世死了；松树又因自己不能像葡萄那样结许多果子，也死了；葡萄哀叹自己终日匍匐在架上，不能直立，不能像桃树那样开出美丽的花朵，于是也死了；牵牛花也病倒了，因为它叹息自己没有紫丁香那样芬芳；其余的植物也都垂头丧气，没精打采，只有很细小的心安草在茂盛地生长。

国王问道："小小的心安草啊，别的植物全都枯萎了，为什么你这么勇敢乐观，毫不沮丧呢?"小草回答说："国王啊，我一点也不灰心失望，因为我知道，如果国王您想要一棵橡树或者一棵松树、一棵桃树、一棵牵牛花、一棵紫丁香等，您就会叫园丁把它们种上，而我知道您希望我安心做小小的心安草。"

《牛津格言》中说："如果我们仅仅想获得幸福，那很容易实现。但，我们希望比别人更幸福，就会感到很难实现，因为我们对于别人幸福的想象总是超过实际情形。"人各有所长，各有所短。我们既不能总是以己之长，比人之短；也不应以己之短，比人之长。生活中的许多烦恼都源于我们盲目地和别人攀比，而忘了享受自己的生活。

快乐的生活很大程度上是宁静的生活，因为真正的快乐只有在宁静的气氛中才会驻足。

# 问心无愧就好

半个世纪前，在纽约贫民区某公立学校里，奥尼尔夫人所教的三年级学生举行了一场算术考试。阅卷时，她发现有12个男孩子对某一题的答案错得完全一样。

奥尼尔夫人叫这12个男孩子在放学后留下来。她不问任何问题，也不做任何责备，只在黑板上写下这样一句话：

"在真相肯定永无人知的情况下，一个人的所作所为，能显示他的品格——汤姆斯·麦考莱"。

她让孩子们抄100遍。

多年后，其中的一个孩子回忆说："我不知其他11个人有何感想，只知道自己，可以说：这是我一生中最重要的教训。老师把麦考莱的名言告诉我们已经是多年以前的事了，我至今仍认为那是我所见到的最好的准绳之一。不是因为它可以使我们衡量别人，而是因为它使我们可以衡量自己。"

每人每天都必须做出许多个人的决定。在街上捡到一个钱包，该把钱留下呢，还是送交警察？那笔交易本是别人的功劳，可以把它据为己有，列在自己的业绩里吗？

我国传统文化里有"慎独"两字，说的也是君子要注意在无外人知道的情形下谨慎从事。其实，你做的任何事，至少你的心知道，是"问心有愧"还是"问心无愧"，来自你一念之间的选择。选择了光明磊落，你的心就会无拘无束；选择了不能见人，你的心就会愧疚一生。

还记得电影《红番区》的主题曲《问心无愧》吗？

只会流汗，不会流泪；不懂后退，只会奉陪。只想尝到挑战的滋味，吃一点亏已无所谓，受点苦也无所谓。一身伤痕，换一分体会。怎么能够将白变黑，怎么能够将是变非，怎么能够眼睁睁看着世界不分真伪。

做到问心无愧，代价不菲。只要做得对，就是最大的安慰。不管是谁，只活一回，对得起自己，也就不必说后悔。问天问地问心无愧，只要做得对，不管有没有人陪。不管是谁，只活一回，对得起自己，永远不问痛不痛、累不累。

# 良心＝良好的心情

卢梭小时候，家里很穷，为求生计，只好到一个伯爵家去当小用人。伯爵家的一个侍女有条漂亮的小丝带，很漂亮。一天，卢梭趁没人的时候，从侍女床头拿走小丝带，跑到院里玩赏起来。

正在这时候，有个仆人从他身后走过，发现了卢梭手中的小丝带，立刻报告了伯爵。伯爵大为恼火，就把卢梭叫到身旁，厉声追问起来。卢梭紧张极了，心想，如果承认丝带是自己拿的，那他一定会被辞退，以后再找工作，可就更难了。他结巴了好大一会儿，最后竟撒了个谎，说丝带是小厨娘玛丽永偷给他的。伯爵半信半疑，就让玛丽永过来对质。善良、老实的小玛丽永一听这事，顿时蒙了，一边流泪，一边说："不是我，绝不是我！"可卢梭呢？却死死咬住了玛丽永，并把事情的所谓"经过"编造得有鼻子有眼。

这下子，伯爵更恼火了，索性将卢梭和玛丽永同时辞退了。当两人离开伯爵家时，一位长者意味深长地说："你们之中必有一个是无辜的，说谎的人一定会受到良心的惩罚！"

果然，这件事给卢梭带来了终身的痛苦。40年后，他在自传《忏悔录》中坦白说："这种沉重的负担一直压在我的良心上……促使我决心撰写这部忏悔录。""这种残酷的回忆，常常使我苦恼，在我苦恼得睡不着的时候，便看到这个可怜的姑娘前来谴责我的罪行……"

曾在报纸上见过一些杀人如麻的恶魔，在逃亡数年之后最终走上自首道路的故事。他们之所以做出这种出人意料的举动，除了公安机关的威慑力外，其中不容忽视的是他们自己良心的煎熬与觉醒。他们无一例外地夜夜承受着噩梦的折磨。他们蒙尘的良心总是会在夜深人静的时候倔强地证明自己的存在。投案自首了，心也就安了。

　　写到这里，我们不由得佩服古人富有哲理的造字方法。良心良心，实则是指"良好的心情"啊！一个人为人处世弃良心不顾，也就等于弃"良好的心情"不顾。

　　选择干净的良心，不让它蒙上一丝灰尘，你的灵魂必定光洁如镜，心情必定安宁祥和！

# 双胞胎的心态

有一对双胞胎，外表酷似，秉性却可能迥然不同。

若一个觉得太热，另一个会觉得太冷。若一个说音乐很好听，另一个则会说像鬼哭狼嚎。

一个是极端的乐观主义者，而另一个则是悲观主义者。

为了试探双胞胎儿子的反应，父亲在他们生日那天，在悲观儿子的房间里堆满了各种新奇的玩具及电子游戏机，而乐观儿子的房间里则堆满了马粪。

晚上，父亲走过悲观儿子的房间，发现他正坐在一大堆新玩具中间伤心地哭泣。

"儿子啊，你为什么哭呢？"父亲问道。

"因为我的朋友们都会妒忌我，我还要读那么多的使用说明才能够玩。另外，这些玩具总是不需要换电池，而且最后全都会坏掉的！"

走过乐观儿子的房间，父亲发现他正在马粪堆里快活地手舞足蹈。

"咦，你高兴什么呢？"父亲问道。

这位乐观的儿子答道："我能不高兴吗？附近肯定有一匹小马！"

人活在世上总会遇到各种各样的事情，或忧或喜。但最重要的是当个人的需要与客观事物发生矛盾冲突而产生种种恶劣情绪时，如果能通过自己的认知，及时调整好自己的情绪，对自己的身心健康乃至各种事情都是大有裨益的。

有一个国王想从两个儿子中选择一个作为王位继承人，就给了他们每人一枚金币，让他们骑马到远处的一个小镇上，随便购买一件东西。而在这之前，国王命人偷偷地把他们的衣兜剪了一个洞。中午，兄弟俩回来了，大儿子闷闷不乐，小儿子却兴高采烈。国王先问大儿子发生了什么事，大儿子沮丧地说："金币丢了！"国王又问小儿子为什么兴高采烈，小儿子说他用那枚金币买到了一笔无形的财富，足以让他受益一辈子，这个财富就是一个很好的教训：在把贵重的东西放进衣袋之前，要先检查一下衣兜有没有洞。

同样是丢失了金币，悲观者用它换来了烦恼，乐观者却用它买来了教训。乐观者与悲观者的差别是很有趣的：乐观者在每次危难中都看到机会，而悲观者在每个机会中都只看到了危难。

苏联作家帕乌斯托夫斯基讲述过，在某处的海岛上，渔夫们在一块巨大的圆花岗石上刻上了一行题词——纪念所有死在海上和将要死在海上的人们。这题词使帕乌斯托夫斯基感到忧伤。而另一位作家却认为这是一行非常雄壮的题词，他是这样理解的：纪念那些征服了海和即将征服海的人。

悲观者的眼光总是专注在不可能做到的事情上，到最后他们只看到了什么是没有可能的。乐观者所想的都是可能做到的事情，由于把注意力集中在可能做到的事情上，所以往往能够心想事成。

# 幸福就在眼前

一匹老马失去了老伴,身边只有唯一的儿子和自己一起生活。老马十分疼爱儿子,把它带到一片草地上去抚养,那里有流水,有花卉,还有诱人的绿荫。总之,那里具有幸福生活所需的一切。

但小马根本不把这种幸福的生活放在眼里,每天滥啃三叶草,在鲜花遍地的原野上浪费时光,毫无目的地东奔西跑,没有必要地沐浴洗澡,没感到疲劳就睡大觉。

这匹又懒又胖的小马对这样的生活逐渐厌烦了,对这片美丽的草地也产生了反感。它找到父亲说:"近来我的身体不舒服。这片草地不卫生,伤害了我;这些三叶草没有香味;这里的水中带有泥沙;我们在这里呼吸的空气刺激了我的肺。一句话,除非我们离开这儿,不然我就要死了。"

"我亲爱的儿子,既然这有关你的生命,"它的父亲答道,"那我们就马上离开这儿。"它们说完就做——父子俩立刻出发去寻找新的家。

小马听说去找新家,高兴得嘶叫起来,而老马却不那么快乐,只是安详地走着,在前面领路。它让它的孩子爬上陡峭而荒芜的高山,那山上没有牧草,就连可以充饥的东西也没有。

天快黑了,仍然没有牧草,父子俩只好空着肚子躺下睡觉。第二天,它们几乎饿得筋疲力尽了,只吃到了一些长不高而且带刺的灌木,但它们心里已十分满意。现在小马不再奔跑了。又过了两天，它几乎迈了前腿就拖不动后腿了。

老马心想，现在给它的教训已经足够了，就趁黑把儿子偷偷带回原来的草地。小马一发现嫩草，就急忙地去吃。

"啊！这是多么绝妙的美味啊！多么好的绿草呀！"小马高兴地跳了起来，"哪儿来的这么甜这么嫩的东西？父亲，我们不要再往前去找了，也别回老家去了——让我们永远留在这个可爱的地方吧，我们就在这里安家吧，哪个地方能跟这里相比呀！"

小马这样说，而它的父亲也答应了它的请求。天亮了，小马认出了这个地方原来就是几天前它离开的那片草地。它垂下了眼睛，非常羞愧。

老马温和地对小马说："我亲爱的孩子，要记住这句格言：幸福其实就在你的眼前。"

熟悉的地方没风景。太多的美好与幸福，往往令沉浸在其中的人们觉察不到。曾经在报上看过一幅名为"福在哪里"的漫画，画上画着一个大大的"福"字，一个人站在"福"字的"口"中向外张望，嘴里问："福在哪里？"福在哪里呢？他真是身在福中不知福啊。

为什么一定要等到所爱的人离去，才想起他（她）的美好？为什么一定要父母驾鹤西行，才会想起他们的慈爱？静下心来，好好体会一下那些如空气般环绕在你周围却被你忽略的幸福吧！

# 追求幸福的障碍是心太大

德国悲观主义哲学家叔本华曾说过一句并不悲观的话："我们很少去想已经有了的东西，却念念不忘得不到的东西。"这句话足以发人深省。

我们大多数人似乎都是这样，依循既有的模式活着——

年轻时，希望考上好学校，找到好工作，再结婚生子、买车子、买房子，然后等一切都达到了，又期待有更高的职位、更豪华的房子……满脑子都想着赚更多的钱、过更好的生活、添加更多的行头。

而有些人每天所面临的最大困扰，居然是该穿哪一件衣服外出。一早起来，就烦心："我到底该穿哪一件衣服呢？黄的、红的、紫的？圆领还是V字领？"总觉得衣柜里似乎永远都少那么一件"刚好可以"搭配的衣服。

其实，你已经拥有那么多了，而你的心却不在已拥有的东西上，一直在找寻那些没有的。结果，你越是去想自己所欠缺的，就越沮丧，而越沮丧就越会去想欠缺的——于是你变得不满，总是抱怨，而没有尽头。

表面上，你是在追求幸福，但其实是在找不幸。追寻幸福最大的障碍，是期望过大的幸福。

# 用心活在当下

再过两天克姆普就30岁了，但他却不安于踏入生命中的这个年岁，因为他担心他最美好的时光即将不再。

每天上班前去健身房做一下运动是克姆普的习惯之一，而每天早上克姆普也总能在那儿见到他的朋友尼古拉斯。尼古拉斯是一个已经79岁，但十分矫健的老头。在这个有些特别的日子，当克姆普和尼古拉斯打招呼时，尼古拉斯注意到了克姆普没有往日那样精神，就问克姆普是否出了什么事。克姆普告诉了尼古拉斯他对进入30岁感到困惑，因为克姆普很想知道当自己到尼古拉斯的年纪时又将怎样回顾自己的生命历程。于是克姆普便问："什么时候是您生命中最美好的时光呢？"

尼古拉斯毫不犹豫地回答道："当我在奥地利还是孩子时，一切都被照料得很好，并在父母的细心呵护中长大，那是我生命中最美好的时光。

"当我进入学校学习知识时，那是我生命中最美好的时光。

"当我获得第一份工作，重任在肩，拿到我努力所得的报酬时，那是我生命中最美好的时光。

"当我遇到了我的妻子而坠入爱河时，那是我生命中最美好的时光。

"'二战'爆发了，为了生存我和妻子不得不离开奥地利。当我们一起安全地坐上了开往北美的轮船时，那是我生命中最美好的时光。

"当我们来到加拿大共同打造我们的新家时，那是我生命中最美好的时光。

"当我成了一名父亲，看着我的孩子们成长时，那是我生命中最美好的时光。

"现在，克姆普，我79岁了，身体健康，感觉良好，而且依然深爱着我的妻子。所以，现在就是我生命中最美好的时光。"

现在就是我生命中最美好的时光！这其实就是佛陀所说的"活在当下"。东西方在文化上有一定的差异，却对"珍惜现在，享受现在"有着一致的看法。

快乐没有明天，也没有昨天，它不怀念过去，也不向往未来，它只有现在。

# 心中知足的人能常乐

有个国王犯了忧郁症，已经10年没有笑过了。随着病情的加重，奄奄一息的国王花重金从国外请来了一位著名的医生。这位外国医生看了一下国王的病情，严肃地说："陛下，只有一样东西能够救你！"

国王问："什么东西？只要能救活我，无论你要什么，我都给你。"

医生说："不！我是说，你只要穿快乐的人的衬衫睡上一夜，你的身体就会康复的。"

于是，国王派了两个大臣去找快乐的人，叮嘱说如果找到了，就把他的衬衫买回来，哪怕是花重金也在所不惜。

就这样，两个大臣首先找到了城里最富裕的人，问他是不是快乐的人。

最富裕的人说："快乐？我难以预料明天我的船会不会遭难，小偷总是图谋到我的家里来。唉！有了这些烦恼的事，一个人怎么会快乐呢？"

后来，两个大臣又找到了权力仅次于国王的宰相，他们问："你是个快乐的人吗？"

宰相说："别傻了！外国有人要侵略我们，恶棍企图夺我的权，奴仆们希望增加收入，有钱的人又想少缴些税，你们想，作为一个宰相会是快乐的人吗？"

两个大臣走遍了整个国家，始终找不到快乐的人。他们又疲劳，又悲伤，只得准备回宫了。正在这时，他们看到一个乞丐坐在路旁，生了一堆火，用一只长柄平底锅煎香肠吃，还在得意地唱着歌呢!

两个大臣对望着："这个乞丐就是我们要找的人!"于是上前攀谈："看上去，你很快乐，因为你有可口的香肠!"

乞丐回答："当然，我很快乐!"

两个大臣高兴得简直不敢相信自己的耳朵，连忙异口同声地说："朋友，我们想出高价买你的衬衫!"

乞丐大笑起来，然后说："对不起，先生们! 我可是一件衬衫也没有啊!"

没有衬衫的乞丐之所以快乐，在于他对生活知足。对生活的要求过高，难免被名缰利锁缠身。成天你争我夺、患得患失，快乐何在? 成天心事重重、阴霾不开，快乐何在? 成天鸡肠小肚、目光如豆，快乐又会何在?

# 青春是一种心情

有一篇广为流传的散文《青春》，仅有寥寥数百字：

青春不仅仅是年华，更是一种心态。它不是红润的脸庞、鲜艳的嘴唇或柔软的膝盖，而是坚定的意志、广阔的想象力与热烈的情感。青春是生命的深处涌动的泉源。

青春的气势如虹，勇敢超越了怯懦，进取压倒了安逸。这样的锐气，不仅仅属于20岁的年轻人，年过六旬的人也常能表现得更加出众。随着年纪的增长，衰老并非必然，而真正的老去是从失去理想开始的。

岁月流逝，衰老只会影响外表的皮肤；但当激情消退时，灵魂也会随之颓败。烦恼、恐惧与失去自信会扭曲内心，使人意志消沉。无论你是年过花甲还是正值青春，心中都应保持生命的喜悦、奇迹的吸引力与孩童般的天真，这些都是永不衰退的生命源泉。

心灵应如大海，只有不断接受美好、希望、喜悦、勇气与力量，青春才能永驻，风采才能长存。一旦心灵的海洋干涸，锐气便会被冷漠的冰雪所覆盖，随之而来的便是玩世不恭与自我放弃。即便年仅20，也会显得老态龙钟。然而，若你能始终保持心胸开阔，让喜悦、乐观与仁爱充盈其中，哪怕到了80岁，仍然可以怀抱年轻的心态，安然告别这个世界。

的确，时间只能使皮肤起皱，可是忧愁、疑虑、憎恨、丧失自信、放弃理想，却会使心态老化，会使前程似锦的人生变得死气沉沉、毫无朝气。

70岁与17岁的差别只是年龄，只在于我们对生命中美好事物的感觉：当凝望星辰时，是否会感到甜美；对于未来的事情，是否像孩子般感到好奇。

保持一颗柔软而又充满期待的心，正是使我们年轻，并且保持青春不衰的秘诀。

# 心灵清澈即为幸福之源

有位老师问她7岁的学生："你幸福吗?"

"是的，我很幸福。"她回答。

"经常都是幸福的吗?"老师再问道。

"当然，我经常都是幸福的。"

"是什么使你感觉幸福呢?"老师继续问道。

"是什么我并不知道。但是，我真的很幸福。"

"一定是有什么事物使得你幸福的吧!"老师继续追问着。

"是啊! 我告诉你吧! 我的伙伴们使我幸福，我喜欢他们。学校使我幸福，我喜欢上学，我喜欢我的老师。还有，我喜欢上动物园，也喜欢那些可爱的动物。我爱姐姐和弟弟。我也爱爸爸和妈妈，因为爸妈在我生病时关心我。爸妈是爱我的，而且对我很亲切。"

老师认为在她的回答中，一切都已齐备了——和她玩耍的朋友（这是她的伙伴）、学校（这是她读书的地方）、动物园和可爱的动物们（这是她热爱大自然之处）、姐弟和父母（这是她以爱为中心的家庭生活圈）。这是具有极单纯形态的幸福，而人们最高的幸福亦莫不与这些因素息息相关。

后来，这位老师也曾向一群少男、少女提出过相同的问题，并且请他们把自认为的"幸福是什么"一一写下来。他们的回答愈发令人感动。

这是少男们的回答：

"有一只大雁在低飞，把脚探入水中，而水是清澈的；因船身前行，而分拨开来的水流像一个傲然的'V'；跑得飞快的列车；吊起重物的工程起重机；小狗的眼睛……"

以下则是少女们的回答：

"倒映在河上的街灯；从树叶间隙能够看得到红色的屋顶；烟囱中冉冉升起的烟；红色的天鹅绒；从云间透出光亮的月儿……"

虽然这些答案中并没有充分的完整性，但无疑是使他们幸福的原因。想要成为幸福的人，重要的秘诀便是：拥有清澈的心灵，可以在平凡中窥见浪漫的眼神以及单纯的精神。

# 把幸福当成一种习惯

一天清晨，在一列老式火车的卧铺车厢中，有五个男士正挤在洗手间里洗脸。经过了一夜的休息，清晨通常会有不少人在这个狭窄的地方做一番洗漱。此时的人们多半神情漠然，彼此间也不交谈。

就在此刻，突然有一个面带微笑的男人走了过来，他愉快地向大家道早安，但是没有人理会他的招呼。之后，当他准备开始刮胡子时，竟然自若地哼起歌来，神情显得十分愉快。他的这番举止令一些人感到极度不悦。于是有人冷冷地、带着讽刺的口吻对这个男人说："喂！你好像很得意的样子，怎么回事呢?"

"是的，你说得没错。"男人如此回答着，"正如你所说的，我是很得意，我真的觉得很愉快。"然后，他又说道，"我是把使自己觉得幸福这件事，当成一种习惯罢了。"

后来，在洗手间内所有的人都把"我是把使自己觉得幸福这件事，当成一种习惯罢了"这句深富意义的话牢牢地记在了心中。

事实上，不论是幸运或不幸的事，人们心中习惯性的想法往往占有决定性的影响地位。有一位名人说："心情阴霾的人的日子都是愁苦，心情欢畅者则常享丰筵。"这句话是告诫世人设法培养愉快之心，并把幸福当成一种习惯，那么，生活将成为一连串的欢宴。

一般而言，习惯是生活的累积，是能够刻意培养的。

养成幸福的习惯，主要是凭借思考的力量。首先，你必须拟订一份有关幸福想法的清单，然后，每天不停地思考这些想法。其间若有不幸的想法进入，你得立即停止，并将之设法摒除掉，尤其必须以幸福的想法取而代之。此外，在每天早晨下床之前，不妨先在床上静静地把有关幸福的一切想法在脑海中重复思考一遍，同时在脑中描绘出一幅今天可能会遇到的幸福蓝图。如此一来，不论你面临什么事，这种想法都将对你产生积极的效用，帮助你面对，甚至能够将困难与不幸转为幸福。相反，倘若你一再对自己说："事情是不会进行得顺利的。"那么，你便是在制造自己的不幸，而所有关于"不幸"的形成因素，不论大小都将围绕着你。

因此，每一天都保持着幸福的习惯，是件相当重要的事。

# 第二章

## 我的心情我做主

英国诗人威廉·费德曾说:"舒畅的心情是自己给予的,不要天真地奢望别人的赏赐;舒畅的心情是自己创造的,不要可怜地乞求别人的施舍。"如果自己的愉悦完全掌握在别人手里,几乎没有人会感到幸福。我的心情,我做主!

# 好心情的威力

艾尔·汉里因常常发愁得了胃病。有一天晚上，他的胃又出血了，被送到芝加哥西比大学的医学院附属医院里。他的体重快速下降，严重到医生警告汉里，连头都不许抬。三个医生中，有一个是非常有名的胃病专家。他说汉里现在"已经无药可救了"。只能吃苏打粉，每小时吃一大匙半流质的东西，每天早上和每天晚上都要有护士拿一条橡皮管插进胃里，把里面的东西洗出来。

这种情形经过了好几个月，最后，汉里对自己说：汉里，如果你除了等死之外没有什么别的指望了，不如好好利用你剩下的这一点时间。你一直想在死以前环游世界，所以，如果你不想就这样死去的话，现在就去旅游吧。

当汉里对那几位医生说，他要环游世界时，他们都大吃一惊。不可能的，他们从来没有听说过这种事。他们警告说，如果汉里要环游世界，就只有葬在海里了。"不，我不会的。"汉里回答说，"我已经答应了我的亲友，我要葬在尼布雷斯卡州我们老家的墓园里，所以，我打算把我的棺材随身带着。"

汉里真的去买了一口棺材，把它运上船，然后和轮船公司讲好，万一去世的话，就把尸体放在冷冻舱里，帮他送回老家去。于是汉里开始踏上旅程，心里只想着一首诗：

啊，在我们零落为泥之前，

岂能辜负生命，

何不拼出一生欢乐，

物化为泥，永寂黄泉下，

虽然没酒，没弦，没歌，

并且也没有明天，

但我却是欢乐着离开了人间。

从洛杉矶登上亚当斯号轮船向东方航行的时候，汉里就觉得好多了，渐渐地不再吃药，也不再洗胃。不久之后，任何食物都能吃了，甚至包括轮船停靠的当地许多奇奇怪怪的食品和调味品。这些都是别人说吃了一定会送命的。几个星期过去之后，他甚至可以吃些生鱼，喝几杯老酒。多年来汉里从来没有这样享受过。后来在印度洋上碰到了猛烈的季风，在太平洋上又遇到了台风。这种事情在过去看来，就只因为害怕，也会让汉里自己躺进棺材里，可是现在他却从冒险中得到很大的乐趣。

汉里在船上和船员们共同忙碌、唱歌、交新朋友，晚上聊到半夜。他们到了印度之后，发现原先的各种担忧，跟眼前所见到的比起来，简直像是天堂跟地狱之别。他终止了所有无聊的担忧，觉得非常的知足。回到美国之后，他的体重增加了很多，几乎完全忘记自己曾患过胃病。他从这次环球旅游所获得的收益不只是健康的恢复，还有性格上的改变。

艾尔·汉里仅仅是改变了一下心态，把对绝症魔鬼的死亡之吻的畏惧变成快乐之旅，就让生命之花重放异彩。

选择好心情，拥有好心情，就有这么大的威力！

# 你心里觉得好就行

有天下午，周艳正在弹钢琴，7岁的儿子走了进来。他听了一会儿说："妈，你弹得不怎么动听！"

不错，是不怎么动听，甚至任何认真学琴的人听到她的演奏都会退避三舍，不过周艳并不在乎。多年来周艳一直就这样弹着。她弹得很高兴。

周艳也曾热衷于不动听的歌唱和不耐看的绘画，从前还自得其乐于蹩脚的缝纫。周艳在这些方面的能力不强，但她不以为耻，因为她不是为他人而活，她认为自己有一两样东西做得不错就足够了。

生活中的我们常常很在意自己在别人的眼里究竟是一个什么样的形象。因此，为了给他人留下比较好的印象，我们事事都要争取做得最好，时时都要显得比别人高明。在这种心理的驱使下，人们往往把自己推上了一个永不停歇的痛苦循环。

事实上，人生活在这个世界上，并不一定要压倒他人，也不是为了他人而活。人活在世界上，所追求的应当是自我价值的实现以及对自我的珍惜。不过值得注意的是，一个人是否能实现自我，并不在于他比别人优秀多少，而在于他在精神上能否得到幸福和满足。只要你能够获得他人所没有的幸福，那么即使表现得不出众也没有什么。在这方面，许多人都应向周艳学习。

# 快乐其实很简单

　　一群喜好喝茶的老人，闲来无事，定期邀约品茗话家常。大家的乐趣之一，是找出各式各样昂贵的好茶，以满足口欲。

　　某次，轮到最年长的一位做东，他以隆重的茶道接待大家，茶叶是从一个高级昂贵的金色容器中取出来的，放在一只只价值不菲的杯子里，橙黄的茶水倒入其中，如同金液般美丽。人人对当天的茶赞不绝口，并要求其公开调配的秘方。

　　长者悠然自得地应道："各位茶友，你们如此赞赏的茶，是我刚刚从杂货店买来的，是一般人喝的最普通最便宜的茶叶。生活中最好的东西，是既不昂贵，也不难获得的。"

　　法国艺术家罗丹说："美是到处都有的，对于我们的眼睛，不是缺少美，而是缺少发现美的眼睛。"

　　历史学家维尔·杜兰特希望在知识中寻找快乐，却只找到幻灭；他在旅行中寻找快乐，却只找到疲倦；他在财富中寻找快乐，却只找到纷乱忧虑；他在写作中寻找快乐，却只找到身心疲惫。有一天，他看见一个女人坐在车站等人，怀中抱着一个熟睡的婴儿。一个男人从火车上走下来，走到那对母子身边，温柔地亲吻女人和她怀中的婴儿，小心翼翼地不敢惊醒他。然后，这一家人开车走了，留下杜兰特望着他们离去的方向。他猛然惊觉，快乐其实很简单，日常生活的一点一滴都蕴藏着快乐。

　　我们大多数人一生中不见得有机会可以赢得大奖，如诺贝尔奖或奥斯卡奖，大奖总是留给少数精英分子的。不过我们都有机会得到生活的小奖。每一个人都有机会得到一个拥抱、一个亲吻，或者只是一个就在大门口的停车位！生活中到处都有小小的喜悦，也许只是一杯冰茶、一碗热汤，或是一轮美丽的落日。更大一点的单纯乐趣也不是没有，生而自由的喜悦就够我们感激一生。这许许多多、点点滴滴都值得我们细细去品味、去咀嚼。也就是这些小小的快乐，让我们的生命更可亲、更可眷恋。

心灵澄澈才会灵动，因灵动而产生轻松、美妙的韵律，这是一种奇特的透射能量，能穿越光怪陆离的霓虹与灯红酒绿，穿越红尘沉浮与大悲大喜，化解喧嚣于无形之中。放飞心灵自由，我们才能在轻松的心境下收获更多。

# 简化你的生活

我最近遇到一个人，他花了好几千元买了一台特殊的按摩椅，坐在上面，可以按摩上半身。他还买了一台高科技跑步机，可以让全身肌肉放松和运动。结果他居然告诉我，过去一年来这些东西他用了不到5次，因为他没有时间用。究竟是什么东西使我们的生活充实而丰富？答案不在我们所拥有的按摩椅、跑步机上，而是在我们体会快乐的简单能力上，这能力随处可得，根本不用花钱。一名哲人曾说过："没有什么科技的发展可以带来永久的快乐。与科技发展相关的心灵拓展，总是被忽略。"

在一个偏远、宁静的小村庄，那里的人们对一朵花的赞赏，比对一件金光闪闪的珠宝还多。一次夕阳西下的美景，比一场晚宴还有价值。他们宁可在村子里随心所欲地散步，也不愿去上什么健美舞蹈班。在空气清新的户外读书，也比到美容院做美容更容易保持年轻！他们重视的是简单生活的欢乐，而不是让他们远离夕阳、远离新鲜空气、远离笑声。

当人在物质方面的要求越少时，精神方面的收获会越多。爱默生曾说："快乐本身并非依财富而来，而是在于情绪的表现。"当我们从生活的各个角度去体验人生时，当我们开始了解到自以为需要的东西其实很多都不必要的时候，就会发现，其实拥有现有的东西就可以很快乐了。

# 点自己喜欢吃的菜

有个非常没主见的女人，正在烦恼该穿哪一套衣服参加晚宴。于是，她找了两位朋友一起商讨。

一位朋友说："我的先生头发白，所以我会穿白色礼服赴宴，这样比较搭配。"

另一位朋友说："我想我会穿黑色的去，因为我先生的头发还很黑。"

"糟糕！那我该怎么办呢？"这个女人面有难色地说，"我先生是秃头，难道我要光着身子去赴宴？！"

这虽是一则笑话，但也引人深思。我们常会问："我该怎么做？"却很少问："什么才是我想做的？"

你想穿某件衣服，做某个选择，难道不是为了使自己舒服、高兴吗？

这就像去餐厅点菜一样，你必须根据自己的口味及胃口来，别人的喜好并不等于你的，也无法代替你决定。对不对？

成天为别人而活的人，不累死也会愁死。

# 心情的遥控器在你手里

从前，在威尼斯的一座高山顶上，住着一位年老的智者，至于他有多老，为什么会有那么多的智慧，没有人知道。人们只是盛传他能回答任何人的任何问题。有两个调皮的小男孩不以为然，甚至认为可以愚弄他，于是就抓来了一只小鸟放在手心，一脸诡笑地问老人："都说你能回答任何人提出的任何问题，那么请你告诉我，这只鸟是活的还是死的?"老人想了想，完全明白这个孩子的意图，便毫不迟疑地说："孩子啊，如果我说这鸟是活的，你就会马上捏死它；如果我说它是死的呢，你就会放手让它飞走。孩子，你的手掌握着生杀大权啊!"

同样地，我们每个人都应该牢牢地记住这句话，每个人的手里都握着左右自己心情的大权。

一位朋友讲他的一次经历：

"一天下班后我乘中巴回家，车上的人很多，过道上站满了人。站在我面前的是一对恋人，他们亲热地互相挽着，那女孩背对着我，她的背影看上去很标致，高挑、匀称、活力四射，她的头发是染过的，是最时髦的金黄色，穿着一条最流行的吊带裙，露出香肩，是一个典型的都市女孩，时尚、前卫、性感。他们靠得很近，低声絮语着什么。女孩不时发出欢快的笑声，笑声不加节制，好像是在向车上的人挑衅：你们看，我比你们快乐得多!笑声引得许多人把目光投向他们，大家的目光里似乎有艳羡。不，我发觉他们的眼神里还有一种惊讶，难道女孩美得让他们吃惊？我突然有一种冲动想看看女孩的脸，想要看看那张洋溢着幸福的脸是何等精致与美丽。但女孩没回头，她的眼里只有她的情人。

"后来，他们大概聊到了电影《泰坦尼克号》，这时那女孩便轻轻地哼起了那首主题歌，女孩的嗓音很美，把那首缠绵悱恻的歌处理得很到位，虽然只是哼哼，却有一番特别动人的力量。我想，只有足够幸福和自信的人才会在人群里肆无忌惮地欢歌。这样想来，便觉得心里酸酸的，像我这样从内到外都极为自卑的人，何时才会有这样旁若无人的欢乐歌声？

"很巧，我和那对恋人在同一站下了车，这让我有机会看到女孩的脸，我的心里有些紧张，不知道自己将看到一个多么令人悦目的绝色佳人。可就在我大步流星地赶上他们并回头观望时，我惊呆了，我也理解了在此之前车上那些惊诧的目光。我看到的是一张什么样的脸啊！那是一张被烧坏了的脸，用'触目惊心'这个词来形容毫不夸张！真搞不清，这样的女孩居然会有那么快乐的心境。"

朋友讲完后，深深地叹了口气感慨道："上天把霉运给了那个女孩，也把好心情给了她！"

世上没有绝对幸福的人，只有不肯快乐的心。你必须掌握好自己的心舵，下达命令，来支配自己的命运。

任何时候人都必须明朗、愉快、欢乐、有希望、勇敢地掌握好自己的心舵。

心情的好坏，完全取决于你个人。只要愿意，都可以随时按动手中的遥控器，将心情的视窗调整到幸福与快乐的频道。

# 一个人玩也蛮好

小时候，我和伙伴们喜欢玩斗陀螺的游戏。说老实话，他们斗得很好，我也斗得不错。斗陀螺很精彩，两个抽得飞旋的陀螺猛然相撞，飞舞着分开，在地上画着美丽的弧线。

不用说，斗陀螺是壮观的，执鞭的颇有些自豪，而我却不能享受这一种殊荣。

我是左撇子，打出的陀螺是反转的，与他们的正转一撞就死，丝毫画不出流畅的曲线来。伙伴们戏弄我，没人与我一起玩。

我受不了，执着鞭子哭着告诉父亲："爸爸，没人跟我玩，我的陀螺总是反转。"

父亲一把将我搂在怀里，抚着我头上的黄头发说："反转，不是你的错。孩子，没人跟你玩，你自己一个人玩好了。"

现在想起来，父亲那时看似平平常常的一句话，简直是在阐述一个真理。只是在今天，我才深刻地领悟。我知道，我会做一些别人无法接受的事，我可能被某些人承认与理解，也可能在某些时候被理解，但不可能在所有的时候被所有的人承认与理解。

如果你没错，却没有人跟你玩，千万不要悲伤，你可以选择自己跟自己玩。

如果生活给你一百个哭泣的理由，那么，你就给他一千个微笑的理由。

# 以优雅之心独处

当我们学会了优雅地生活时，就会有一种甜蜜、温柔的感受穿透全身，整个人也轻松了起来。享受必要的独处时光，是优雅生活的必要条件。如果长期没有独处并自我充实，人就会变得很烦躁。

很多人之所以在压力下还能够保持优雅的态度，都要归功于他们能够很小心地护卫自己的自由和独处时间。请你从现在起，每天早上抽出15分钟独处的时间，你会发现，15分钟的效果相当惊人。每个人都需要让自己完全放松。你可以找个自己觉得舒服的地方，如浴室、阳台，或是出门到附近的公园、图书馆，好好度过自己的独处时间，只有发现了真实的自我，才能体会到自己真正活着。

独处，会让我们卸掉在与人接触时所戴的面具，让我们的心情恢复恬静自然的赤子之心。在繁忙、拥塞、交际频繁的现代社会，想偶尔拥有完全独处的时间，如同钻石般的难得。

美国作家安妮·莫罗·林德伯格曾说过："生活中重要的艺术在于学习如何独处。"

独处是与外界不重要的、肤浅的事物隔离，为的是寻觅内在的力量。这种内在的心灵力量可以使我们的精力充沛，品格提升。一个人如果只是孤寂地隐退，而未发掘内在的力量，那么他的生活便不会达到最完善的境界。

每个人也都可以从短暂的孤寂中有所收获，不过，我们不必为了争取独处的时刻，而让自己的行为显得怪僻偏激。

其实，想要享受独处的时光，平时不妨独自在寂静的小道散一会儿步，或早晨早起一小时，独自欣赏破晓天明的绚丽景观，或在公园小椅上闲坐片刻，或骑车在郊区慢慢地兜风。生活再怎么忙碌，片刻的悠闲时光总是有的。何不用这片刻的悠闲，给我们的心放个假？

独处会让我们停下来好好分析自己的烦愁，然后想出办法加以驱除。

不要怕孤寂。假使你害怕孤寂，那么一定要小心检讨自己，因为那代表你的心灵出了毛病。

记住要设法让自己停下来，找时间走进心灵深处，与真实的自己共处，也许你会有惊喜的发现，因为你碰到一个又好又上进的知心朋友，那就是你自己！

体验独处比任何事都重要，你需要坚持拥有这宁静的时间，然后问自己有什么感觉，再聆听自己的回答。

# 一万个开心的理由

从前人们碰到，打招呼时说：吃了吗？

后来成了：你好！

今天相逢，在相当一部分人口中，又变成了：开心点儿！

由物质到精神，关怀的内容发生了本质的变化。

然而，开心的理由呢？

一位老太太，已老到走路不能自如，还坚持在景山公园的台阶上，一级一级地往上蹭。她脸上阳光灿烂：这是我每天最开心的事呀。

一个女孩，整天忙碌在办公室，无非打印个文件，收收发发，很琐碎。可一到休息日，她就闲得郁闷，因而总唠叨说：工作能使我开心。

一个操劳了一辈子的母亲，不穿金，不戴银，不吃补品，每日辛劳不辍，笑呵呵回答儿女们：全家平平安安比什么都让我开心。

一个下岗女工：谁能给我一份工作，我可就开心死了。

一个保姆：主人家信任我，不见外，我就觉得开心。

一个小女生：哎呀呀，星期天早上能让我睡够了，最开心！

生活是世界上最难的一道题，复杂得永远解不清。可是生活又简单得只要有一滴水、一首诗、一支歌、一朵小花、一片绿叶、一只小动物……就能让我们开心得飘飘然。

人心是自然界最深不可测的欲海，有了电视机，还想要电冰箱、洗衣机、手机、空调、汽车、房子、别墅……然而，人心也是最容易满足的乖孩子，一句宽心的话、一张温暖的笑颜、一个会心的眼神、一声真诚的问候、一个善良的祝福……就能成为一根棒棒糖、一颗开心果，能一直香甜到我们心里，使我们回到开心的童年，像小鸟一样叽叽喳喳地唱不够。

　　流行歌曲中有唱："一千个伤心的理由……"如果你真的有一千个伤心的理由，请别忘了你还有一万个开心的理由。

　　开心的理由千千万万，关键是你会不会给自己找一个。

# 勇敢地说"不"

有一位伟人曾经这样说:"超越某个限度之后,宽容便不再是美德。"

一点都没错。我们之所以常把日子过得一团糟,是因为我们容忍了太多次的"好",而不懂得说"不"。

太忙于做好人,以致找不出时间去做好事。这就是问题所在。这种人生也是不完美的人生。

曾听朋友帆讲过这样一个故事。

帆刚参加工作不久,姑妈来北京看他。帆陪着姑妈在天安门转了转,就到了吃饭的时间。

帆身上只有200元钱,这已是他所能拿出招待对他很好的姑妈的全部资金。他很想找个小餐馆随便吃一点,可姑妈却偏偏相中了一家很体面的餐厅。帆没办法,只得随她走了进去。

俩人坐下来后,姑妈开始点菜,当她征询帆的意见时,帆只是含混地说:"随便,随便。"此时,他的心中七上八下,放在衣袋中的手紧紧抓着那仅有的200元钱。这钱显然是不够的,怎么办?

可是姑妈一点也没在意帆的不安,她不住口地夸着这儿可口的饭菜,可怜的帆却什么味道都没吃出来。

最后的时刻终于来了,彬彬有礼的侍者拿来了账单,径直向帆走来,帆张开嘴,却什么也没说出来。姑妈温和地笑了,她拿过账单,把钱给了侍者,然后盯着帆说:"孩子,我知道你的感觉,我一直在等你说不，可你为什么不说呢？要知道，有些时候一定要勇敢坚决地把这个字说出来，才是最好的选择。"

勇敢地说"不"，才能活出人生的真实、潇洒、从容与惬意！

# 开心笑的价值无限

据说18世纪，有一位主教患了可怕的脓肿病，濒临死亡，教徒们都已经绝望了，正忙着为他准备后事。就在这时，主教养的猴子却滑稽地戴上了主教的方帽，穿上了主教的袍子，在大厅里学着主教的样子走路、祈祷。主教看了哈哈大笑，病情顿时减轻了一半。猴子一连表演了几天，居然挽救了主教的性命。

在印度孟买的大小公园里，每天可以看见许多男女老少站成一圈，一遍又一遍地哈哈大笑，这是在进行"欢笑晨练"。印度的马丹·卡塔里亚医生在国内外开设了150家"欢笑诊所"，人们可以在诊所里学到各种各样的笑，如"哈哈"开怀大笑、"嗦嗦"抿嘴偷笑、抱着胳膊会心微笑等来治疗心情压抑等心理疾病。

生理学家巴甫洛夫说过："……忧愁、悲伤会损坏身体，因此为各种疾病打开方便之门，可是愉快能使你肉体上和精神上的敏感活跃，能使你的体质增强。""……所有的药物中最有效的就是愉快和欢笑。"

历史上有个著名的医师名叫阿维森纳，他曾经对动物的生存环境做过一个试验。他同样喂养两只小羊，其中一只养在离狼笼子不远的地方，由于经常性的恐惧，这只小羊逐渐消瘦，身体衰弱，不久就死了；而另一只小羊因为养在比较安静的地方，没有狼来恐吓，因此健康地生存了下来。

加利福尼亚大学的诺曼·卡滋斯教授，40多岁时患上了恶疾,医生说,这种病康复的概率只有五百分之一。他照着医生的话,经常看滑稽有趣的娱乐节目,所有的节目都会使他捧腹大笑,他除了看有趣的节目,还经常有意和家人开开玩笑。一年后医生再对他进行检查,发现他的病情改善很多,两年以后,他身上的疾病居然自然消失了。为此,他撰写了一本书,书名叫《五百分之一的奇迹》。书中说:"……如果消极情绪能引起肉体的消极化学反应的话,那么,积极向上的情绪也可以引起积极的化学反应……爱、笑、希望、信仰、信赖、对生命的渴望等,也具有良好的医疗价值。"

对人对事,都能够一笑了之的人,永远不会患得患失、神经过敏。

在日常生活中,实在有太多令人哭笑不得的事。如果让我们选择,应毫不犹豫地舍哭取笑!笑可以显示你的信心,笑也是实力的最佳证明。

笑是一种锐不可当的武器,没有什么粗言秽语比一笑更能使你的冤家对头心如刀割的了。很多时候,反击他人最有效的武器是淡然一笑。

笑是给家庭带来幸福的友好信号;

笑是疲惫者的休养,失意者的光明;

笑是悲伤者的太阳,烦恼者的天然解毒剂;

你买不到,你偷不到,你也强取不到;

只有无偿地给予,才能产生价值。

# 别让小事坏了心情

你有没有想过，为什么人长大以后，似乎失去了许多生命的喜悦？

你看看周遭那些年长的面孔，是不是有些很阴郁、很冷漠、很紧绷，总是拉长着脸，一点笑容都难见到？他们似乎已经失去了乐趣，失去了欢笑，失去了游戏的心情，看起来就像身处世界末日似的，即使是一点小事也能搞得痛苦之至。

这到底是怎么回事？

为什么只是小小的塞车或迟到几分钟，就可以把自己弄得火冒三丈、七窍生烟？为什么只是别人一个不友善的眼神，就可以把自己搞得疑神疑鬼、心神不宁？为什么只是一句无关紧要的话，就能吵得你死我活、不共戴天？为什么只因为跟某人不合，就非要兵戎相见、势不两立？

人的情绪总是不听指挥，随时都可能被"引爆"。原本只是一件微不足道的小事，也能小题大做、一触即发，且一发不可收。

许多人对事情似乎总是"反应过度"。他们总是把问题看得太严重，无法停下来想想把事情看得太严重有多可笑。

想一想，是不是一只蟑螂没打死，就会打乱你整个生活？是不是一通电话没接到，世界末日就会来临？是不是车子被刮一道痕，就能摧毁你的一生？是不是胖上几千克，就能阻止你享受人生的乐趣？

　　答案无疑全部是否定的。那么，你又何必为一件小事如此抓狂？为小事抓狂不单坏了自己的心情，还可能殃及他人。

# 让心灵无尘

总想从现代生活的快节奏中暂时脱离，寻一山清水秀、树翠天高的去处，优哉游哉，看行云缓缓，听溪水潺潺。说起来，并非想逃避现实，更不是因为厌倦生活，而是想于忙碌与喧嚣中小憩片刻——谓之清心。

步履匆匆与车水马龙是一种景象，但暂作闲云野鹤也是一种境界。试想，告别写字台上的报告、谈判桌边的舌战和精密准确的图纸，倚竹杖坐看山林晚色，或观沧海而抚古思今，那是多么令人愉悦的事情！倘有翠湖，乘一叶小舟而溯流，在澄澈与晶莹之间寻一份宁静，那也算是一种惬意。

犹如将一瓶成分复杂的水沉淀，会得到珍贵的清纯。清心或使纷乱的心情有线索可以清理，或于忘忧的状态使人反思。倘在清心之中，凝神另一境界，得到空旷悠远或新的启迪，更不枉苦心。

所谓"张而不弛，文武弗能也；弛而不张，文武弗为也。一张一弛，文武之道也"，说的就是清心的道理。生活离不开急管繁弦，但亦不能不珍惜柔笙缓笛。

谁说长沟流月去无声呢？水，也有它自己的语言，只是需要一份如水般玲珑透明的心境去领会，才能清晰辨认；只是，它只肯把自己的流转，说给那既领略过生命中婉约柔静之美，复饱经狂涛骇浪、颠踬困苦的知音，去听罢了。

若生命的河流是一段曲折的沧桑，若岁月的清溪是迢迢前去的逝者，那么，在每一道有形无形的流水之前，愿我们都能宁静片刻，得以聆听水之清音。

　　观鸟翼掠过长空而勇猛飞翔，看拙山千古如斯而视名利若浮云，听溪水流转山石而浅吟低唱，你会觉得：清风两袖，心灵无尘。

　　万花丛中过，片叶不沾身。

# 第三章

# 拥有好心情的小招数

我可以驾驭我的命运，不只是与它合作，因
为我能在某种程度上使它朝我引导的方向发展。
我是我心灵的船长，不只是它安静的乘客。

# 用"加减乘除"获得好心情

美国一位名叫费雷德尔的社会学家谈及人的生活艺术时指出：许多令人一筹莫展的个人问题都可以通过创造性地应用算术方法来加以解决。

"加法"——从事新活动、开辟新天地，更重要的是化生活中的限制为机会。如果你的生活存在某种内在限制，你应与之抗争，化不利为有利。残疾可以说是一个很大的限制了，但它并不可怕，坐在轮椅上为别人提供咨询服务或干点儿别的什么事儿，你就会找到自己的价值之所在，不会因为无所事事而让内心陷入空虚和绝望。

"减法"——放弃生活中已成为你的负担的东西，终止你已习惯的超负荷支出。如果你是一个精明的人，就应丢弃令你厌烦的事情，而去做另外使你感兴趣的事情。

"乘法"——扩大和他人的交往，从而扩大周围的生活接触面。失恋或丧偶了，一时的寂寞和悲伤都可以理解，但万万不可以老是这样。应该主动找周围的人聊聊天，如果再仔细地观察，你就会发现：原来你有这么多的朋友在关心着你，只要你积极地交往，总能在日常生活中找到好朋友和成倍的快乐。

"除法"——把你的职责分为较易处理的几个部分，并把其中的某些部分放心地交给他人处理，这就是"会生活"，这在某种意义上就意味着做出聪明的选择和必要的妥协，从而得到更多的自由。

　　假如你内心充满乏味或孤寂，那么你可通过加法和乘法去解决；假如你终日忙忙碌碌，内心疲惫不堪，则可通过减法和除法加以改善。

# 使用正面积极的语言

我们所说的话，其实对自己的态度及心情影响很大，不知道你是否注意过？

一般而言，在日常生活中所使用的语言可以分成三类：正面的、负面的以及中性的。

先来聊聊负面的语言，例如："问题""失败""困难""麻烦""紧张"等。

如果你常使用这些负面语言，恐慌及无助的感觉就随之而起来。

有些人与人交流是这样的。

你问：工作怎么样？他一般答：我这算什么，混口饭吃，哪能跟你比。你问：收入还行吧？他答：总算没饿死，这年头赚钱难啊。再问：近来好吧？他答：好啥呀，我算是过一天算一天了。又问：夫妻关系怎样？他眼角显出些许无奈：结婚那么多年了，还有什么感觉啊，不就将就着过嘛，早知如此，还不如单身呢。问之：父亲身体好吧？他大叹：别提了，三天两头去医院，我的工资还不够他看病呢，这是我的命啊。问之：你儿子肯定越来越聪明了吧？他痛苦地叹了口气：算了吧，整天不肯读书，调皮捣蛋，越来越难管教了……人若总是用这种语言与他人交流，会让自己意志消沉，提不起精神，不敢有所为，从而消磨了斗志，失去人生本有的追求，最终在犹豫不决中失去一次又一次的机会。

不同的语言会给人带来不同的心境，积极的语言会引导我们朝积极的方面思考，可能带来意想中的结果。

要改造自己，首先要从自己的语言开始。

我们发现，乐观的人很少会用这些负面的语言，他们会用正面的语言来代替。

例如，他们不说"有困难"，而说"有挑战"；不说"我担心"，而说"我在乎"；不说"有问题"，而说"有机会"。

感觉是否完全不同了呢？

一旦开始使用正面的语言，心中的感觉就积极起来了，就会更有动力去面对生活，不是吗？

除此之外，乐观的人也会把一些中性的语言，变得更正面。

例如"改变"就是个中性语言，因为改变有可能是好的，但也有可能越变越糟。

试试看，如果把"我需要改变"，换成"我需要进步"，这就暗示了自己是会越变越好的，心情自然就开朗起来了。

所以说话其实需要字字琢磨，只要改变负面语言，换成正面积极的语言，你就会立刻感到积极乐观起来。

如果你感到不快乐，那么有一个快捷有效地找到快乐的方法——振奋精神，使自己的行动和言辞中充满阳光，你的心里也肯定会充满阳光。

# 先找优点，再看缺点

戴上乐观的眼镜来看世界，说难也不难，到底秘诀在哪里？八个字：先找优点，再看缺点。

具体怎么做呢？

不知道你有没有观察过，自己对每一种人、事、物的评语，通常第一印象是什么样的？

如果认识了一个新朋友，脑中最先浮现的念头是："这个人鼻子怎么那么大？真是丑得难看！"过一会儿，才注意到："噢，不过他笑起来真甜，让人看了很舒服。"

要是你总是习惯这样对别人先挑缺点，再看到优点的话，那么就该检查一下自己，是否不小心地戴上了习惯负面思考的悲观眼镜？

戴上乐观眼镜的人，永远是先找优点，再看缺点。

所以面对同样的对象，乐观的人总是会先问自己："他有什么是让我喜欢的？"

于是乎第一个想法就出现了："哇，他笑容可掬，甜甜的，真舒服。"而也许过了一阵子之后，才会发现："只可惜鼻子稍大了些。"

感觉到其中的差别了吗？

乐观者并不是盲目的，他们对事情有清晰的观察，只不过他们习惯先看事情的优点，而且乐意把注意力集中在这些令人兴奋的特点上。

悲观失望者一时的呻吟与哀号，虽然能得到短暂的同情与怜悯，但最终的结果必然是遭到别人的鄙夷与厌烦；而乐观上进的人，经过长久的忍耐与奋斗，最终赢得的将不仅仅是鲜花与掌声，还有饱含敬意的目光。

# 矫正心情前先矫正身体

美国有两位专门研究"乐观"的心理学家麦瑟和楚安尼，曾整理出了几个使心情乐观的入门技巧，方法不仅简单而且效果神速。楚安尼认为：要矫正心情之前，请先矫正身体。为什么呢？

其实人的生理及心理是息息相关的。相信你有过这样的体验，当心情处在低潮的时候，我们往往是无精打采、垂头丧气的；而心情高昂时，自然是抬头挺胸、昂首阔步的。所以，身体的姿势的确会与心理的状态密不可分。

从另一角度来看，当一个人抬头挺胸的时候，呼吸会比较顺畅，而深呼吸则是压力管理的妙方。所以当抬头挺胸时，我们会觉得比较能够应付压力，当然也就容易产生"这没什么大不了"的乐观态度。

另外，与肌肉状态有关的信息，也会通过神经系统传回大脑去。当我们抬头挺胸的时候，大脑会收到这样的信息：四肢自在，呼吸顺畅，看来是处于很轻松的状态，心情应该是不错的。在大脑做出心情愉悦的判断后，自己的心情于是乎就更轻松了。

请千万别小看这个简单得令人难以置信的方法，下次心中悲观的念头再冒出时，赶快调整一下姿势，让抬头挺胸带出自己的乐观心情！

世界没有绝望的境地，只有绝望的心情。

# 使用愉快的声调说话

谈到人际沟通，有个道理极为重要：重点不在于我们说了什么，而在于我们怎么说。

"怎么说"的部分，包括了语调、脸部表情、肢体动作等。

而常被人忽视的是，我们的声音其实是有表情的。同样的一句话，用不同的语调来说，传达出来的意思则可能完全不同。

不信的话，请你来试试下面的练习。

A很生气地说："你真讨人厌！"（用你最穷凶极恶的表情及声调吼出来！）

B很撒娇地说："你真讨人厌！"（请使用你最惹人怜爱的语调，拉着尾音嗲出。）

如何？感觉完全不同吧？

然而，许多人却往往不知自己说话的语气会不经意地泄露心情。

例如有人总是在接电话时，习惯性地大吼一声："谁啊？！"就这么发挥了"二字神功"，让电话另一端的人还没开口，就已感觉到对方的火气。

而更离谱的是，如果一听是上司打来的，马上语调一软，开始鞠躬哈腰起来："哎呀，老板，有什么吩咐吗？"心情也随之转变了。

知道了声调的神奇之后，接着想提醒你，如果想让心情变得快乐一点，请先"假装"你就是个开心的人，用很愉快的声音开始说话。

　　先"假装"，假装久了就有可能变成真的了。试试看吧！

# 换个角度看问题

　　林黛玉是个痴心的姑娘，钟情于贾宝玉。一天，她无意之中听到侍书与雪雁说"宝玉定亲了"。听罢，黛玉便感到一阵头晕，脸色苍白，好像被谁掷在大海里一般，跌跌撞撞回到了潇湘馆；便一病不起，一日重似一日，太医治疗，全无效果。

　　又一天，黛玉在昏睡中又听得雪雁与侍书在闲聊，说的又是宝玉的亲事。她俩说，宝玉没有定亲，老太太心里已经有了人了，这个人是"亲上加亲，就在园中住着"。黛玉心里寻思，这个"亲上加亲，就在园中住着"的人，莫不是自己吧，顿时心神觉得清爽了许多，病竟渐渐地好了。

　　黛玉的病是心病，是心理挫伤引起的病。可见心理对健康的影响之大。波涛汹涌的大海茫茫无际，一艘帆船在波峰浪谷间颠簸起伏，危在旦夕。一位年轻的水手爬向高处去调整风帆的方向，他向上爬的时候犯了一个错误——低头向下看。浪高风急使他非常恐惧，腿开始发抖，身体失去了平衡。这时一位老水手在下面大喊："向上看，孩子，向上看！"这个年轻的水手按他说的去做，重新获得了平衡，将风帆调好了。船终于驶向了预定的航线，躲过一场灾难。

　　向下看，浪高风急；向上看，天阔地宽。处在同一环境，姿势不同，结果大不一样。正如两个人同时看到桌子上放着半杯水，悲观者愁眉苦脸地说："唉！只剩下了半杯水。"乐观者喜出望外地喊："哇！还有半杯水。"

当你的心情因某些事物而不好时，不妨换个角度看问题，就可以换一种心情。

# 静下心在书中寻找快乐

俄国大文豪托尔斯泰酷爱博览群书。在他的私人藏书室，有十三个书橱，里面珍藏着两万三千多册二十余种语言的书籍。这些藏书为他的创作提供了大量的原始材料。据说，他喜欢把书借给别人看，与他人共享读书的快乐。

读书，是一种美好的行为。在读书中，天上人间，尽收眼底；五湖四海，就在脚下；古今中外，醒然可观。读书，让我们懂得了什么是真、善、美，什么是假、丑、恶；读书，让我们丰富了自己，升华了自己，突破了自己，完善了自己。

寒夜孤灯，捧书卷，闻墨香，那感觉如同盛夏里吸吮冰凉的饮料，甜滋滋、凉悠悠。读书的感觉，爱读书的人才独有。读书，让你品味人生的酸甜苦辣，品味生活中的各色景观。

能够读书，自然是件快乐事；能够读上一部妙书，那就更是一种幸福。但是，对于那些蝇营狗苟、急功近利之徒来说，倒也未必如此。所以，这读书的快乐也是因人而异的，因为幸福只是一种心灵的感受。人的心灵有着不同的境界和模式，所以幸福的程度或者感受也有着相当大的差异。

人是需要读一些书的，尤其是在当今时代，一些人在生活中迷失了方向，通过读书可以把自己从物欲名利中拔出来，重新塑造美好的生活观念。古今中外名人关于读书都有极精彩的话语，唐朝皮日休赞美读书的好处："惟书有色，艳于西子；惟文有华，秀于百卉。"英国剧作家莎士比亚谈道："书籍是全世界的营养品。生活里没有书籍，就好像没有阳光；智慧里没有书籍，就好像鸟儿没有翅膀。"当代作家贾平凹说得更为精彩："读书能识天地之大，能晓人生之难，有自知之明，有预料之先，不为苦而悲，不受宠而欢，寂寞时不寂寞，孤单时不孤单，所以绝权欲，弃浮华，潇洒达观，于嚣烦尘世而自尊自强自立、不畏不俗不谄"。

概括起来，读书有三大快乐。

一、我们每一个人在现实生活中的提高，都与书籍有着密切的联系。书籍是我们认识现实的桥梁，书籍使我们脱离蒙昧走向文明。通过读书我们可以上知天文下晓地理，可以穿越时间隧道去体验春秋战国时代的连绵战火，观望盛唐的繁荣；读凡尔纳、乔治·威尔斯的科幻小说能把我们带入缥缈而又精彩的未来世界。

二、书籍是一面镜子，作者在书中表现的坚毅的品性、开阔的胸襟、积极的志向，通过阅读我们可以照见自己的缺点。日复一日地阅读下去，我们会被书籍中积极健康的内容影响，逐渐形成全新的道德观念和行为准则。同时，读书是一个读者与作者交流的过程，读者在不断汲取的同时还要学会扬弃，这样读书就变成了积极地参与。

三、书籍给予我们的不只是知识，更重要的是启示。一本好书就像一个掘宝人，能开采出隐藏在我们心中的宝藏。在书里常常能发现我们所想和所感受到的，只是我们没有表达出来而已。读书唤醒我们潜在的能力，在书里认清自己。

有人把一生不爱读书的人比作囚徒，他们囚幽在自我和无知的牢笼里，他们会经常地抱怨："生活淡而无味，工作周而复始。"他们无法感到快乐，因为他们把自己套在一成不变的生活程序里，更多地关注于利益和得失，不仅对于外界的精彩无知无觉，而且忽视了生活中的点滴快乐，这种损失是非常可怕的。

生活中我们离不开阳光空气，同样，离开书本的日子也会是乏味的，与书相伴的人生才最有意义。懂得生活的人就懂得书中的美妙，愿你我都珍惜读书时间。拿起心爱的书本，阅读吧。

我爱书，常常站在书架前，这时我觉得面前展开了一个广阔的世界、一个浩瀚的海洋、一个苍茫的宇宙。

# 用音乐洗涤心灵

音乐具有陶冶情操的功能。经常欣赏高雅的音乐，会给人带来信心和力量，使人奋发、向上。

古今中外许多伟人的博大精神和光辉事业，与他们喜爱音乐有很大关系。列宁小时候喜欢唱歌，在中学时代，最爱唱伏尔加民歌。在流放期间，他经常用沙哑的男中音，教身边的"政治犯"唱歌。列宁对贝多芬的《热情奏鸣曲》、柴可夫斯基的《第六交响曲》百听不厌。1913年，俄国钢琴家凯德洛夫曾在瑞士的音乐会上演出，列宁对他的琴技大为称赞，并对他说，以后有空到他寓所里听音乐。钢琴家以为这是列宁的一句客气话，没想到列宁后来果真来了。钢琴家应列宁的要求反复地弹奏了《热情奏鸣曲》，列宁屏声静气地仰靠在沙发里，沉浸在一种只有他自己才能感受到的美妙旋律中。后来，列宁对人说："我不知道还有比《热情奏鸣曲》更好的东西，我愿意每天都听一听，这是绝妙的、人间所少有的音乐。"

阿尔伯特·爱因斯坦也是一个酷爱音乐，懂得生活情趣的伟大科学家。7岁时从母亲那儿得到一把小提琴，他非常喜欢它。他还经常站在母亲身后听她弹奏莫扎特、贝多芬的钢琴奏鸣曲。所以，他可以说是一个在音乐环境中长大的孩子。

爱因斯坦还十分喜爱唱歌。他常常一个人到湖泊江河上去划船，一边划，一边唱着他喜爱的歌曲。在莱茵河和日内瓦湖上都曾留下过他的歌声，也可以说，音乐艺术伴随了他的一生。

爱因斯坦成名后，经常在德国、美国公开登台演奏小提琴，为慈善事业募捐。他无论到哪个国家旅行，小提琴总不离身，使得有些人不相信他是物理学教授，以为他是一个音乐家。有一次他应邀到比利时访问，比利时国王和王后都是他的朋友，王后也是一个音乐迷，会拉小提琴。他和王后在一起合奏弦乐四重奏，合作得非常成功。爱因斯坦甚至当着国王的面，对王后说："您演奏得太好了，说真的，您完全可以不要王后这个职位。"

爱因斯坦力求透过美妙的音乐旋律，去启发自己对未知的、美丽而和谐的自然规律的探求。震撼世界的相对论，是科学发展史上划时代的里程碑。1905年的一天，他对妻子说："亲爱的，我有一个奇妙的想法。"说完此话，爱因斯坦就开始弹起钢琴，他时弹时停，忽而又猛弹了几个音节后，又自言自语地说："这真是一个奇妙的想法。"这样一连几天他有时在楼上思考，有时下楼弹琴，半个月后，他终于写完了举世震惊的、推动历史进程的《相对论》。

音乐是苦恼的控诉处，同时也是苦恼的避难所。领悟音乐的人，能从一切世俗的烦恼中超脱出来。

# 第四章

## 工作需要好心情

人生的乐趣隐含在工作之中。当你醉心于工作时，即使是独自一人，也会过得充实而快乐。

# 做自己喜欢的工作最快乐

苏格兰哲学家托马斯·卡莱尔写道，有事可做的人是有福的，不要使他再求别的福分……当一个人全神贯注于工作时，他的身心就会构成一种真正的和谐，即使是最卑微的劳动。

卡耐基说，我虽不全同意卡莱尔的说法，但我不妨以我自己的体验支持这几句话。我认识一些人，他们在工作时，身心舒畅；而在丧失或放弃工作后，他们的心灵便萎缩。甚至，连他们的神情也变了，曾经一度兴奋的眼神也变得冷淡无光起来。

大文豪大仲马的写作速度惊人。他活了68岁，毕生著作很多。他白天和作品中的主角生活在一起，晚上则与一些朋友交往、聊天。

有人问他："你写了一天，第二天怎么仍有精神呢？"

"我不知道，你得去问一棵梅树是怎样生产梅子的吧！"

因为大仲马是把写作当作了乐趣，所以一点也不觉得累。

不仅是伟大的人物能把工作当成乐趣，平凡的人也能够做到这一点，只要有一个正确的观念。有个美国记者到墨西哥的一个部落采访，这天恰好是个市集日，当地土著都拿着自己的产品到市集上交易，这位美国记者看见一个老太太在卖柠檬，5美分一个。

老太太的生意显然不太好，一上午也没卖出去几个。这位记者动了恻隐之心，打算把老太太的柠檬全部买下来，以便使她能高高兴兴地早些回家。

当他把自己的想法告诉老太太的时候，老太太的话却使他大吃一惊："都卖给你？那我下午卖什么？"

诚然，有些人在做着不适于自己的工作。由于不喜欢自己所做的工作，而使工作变成一种苦役。一个把大部分精力注入工作的人所感到的喜悦，他们全都不能感到。

假如你不幸陷入了这种苦境，就必须设法补救，因为，如果你对自己的工作感到枯燥无味，便很难享受到积极人生的乐趣。

人一定要选择自己喜欢做的事，即使赚钱也不例外，而且要"只问耕耘，不问收获"。每天乐此不疲，这样就等于已经成功了一半。

即使是事业成功人士，也常常听到他们叹息自己成功背后的苦恼，诸如不得不应付繁忙的公务，或不得不周旋于社交场合，或为了应酬不得不放弃与家人团聚的美好时光，或碍于情面不得不做有违心愿的事。

事实上，把工作当成愉快的事的人并不多。不同的是，每个人对工作的好恶不同。有句话说："必须天天对工作产生新兴趣。"指的就是工作要趣味化。人生并不长，因此要尽量选择符合自己兴趣的工作。工作合乎兴趣，就不会觉得辛苦。

不容忽视的一点是：人的"喜欢"常常处于变化当中。有的人干一行恨一行，有的人干一行爱一行。对工作的兴趣，其实是可以培养的。不要这山望着那山高，因为行行出状元，路路都难走。有了这个认知后，心情受工作左右的程度就会降低。

做自己喜欢的工作，就像和所爱的人生活在一起。

# 繁忙中也有乐趣

一家大公司的业务主任坐在工位上。

他的办公桌上满是签条、函件、契约等文件，他的电话机上两个信号灯一明一灭地闪烁着，显示有人等着要和他通话。他正在跟两个人商谈，显得很严肃。他看了看约会登记簿，记下他要参加的另一个重要会议，和与该公司的董事长午餐。同时还得花上几个钟头的时间进行一个预订的计划。此外，他还得口授几封信……这样大的工作压力，要是落在你我身上，也许会喘不过气来。"实在叫人吃不消！"我们会这么说。

但这个人却没有。他感到——愉快。

他不容任何混乱的想象破坏工作效率。相反，他只在心中预期这一天所获得的成就。

他热诚地转向他的来宾，凝神聆听他们的陈述，尽其所能地回应他们的需求。他拿起电话，要言不烦地作答，然后又回向他的来宾。他告诉他们，他对所谈的事将采取怎样的行动，他对通话机口授一封信，然后回过头来问他的来宾对他的决定是否满意。他们满意了，于是他把他们带到门口，和他们握手道别。一切以一种简捷有效的方式推进。

卡耐基指出：这个人以一种积极的办法，使他的想象化为行动。他享受了快乐和成功的权利。

然而，许多人却用自己的想象去阻碍享乐，这是可能会造成不幸的。

　　许多成年人，让不快的思绪充塞自己的心田，把快乐的生活挤得粉碎。他们为很少或不会发生的灾祸而发愁。他们不容许自己享受工作上的乐趣和满足之感，显而易见，也不能像那位业务主任一样，以愉快的方法行使职责。

　　托尔斯泰曾经写道："人生的乐趣隐含在工作之中。"这实是至理名言。

# 沉醉中的欢乐

一个奥地利人讲述了他拜见罗丹的见闻：

在罗丹的工作室，有完成的雕像，许许多多小塑件——一只胳膊、一只手，有的只是一只手指或者指节；他已动工而搁下的雕像；堆着草图的桌子，一生不断地追求与劳作的地方。

罗丹罩上了粗布工作衫，变成了一个工人。他在一个台架前停下。

"这是我的近作。"他说，把湿布揭开，现出一座女正身像。

"这已完工了。"我想。

他退后一步，仔细看着。但是在审视片刻之后，他低语了一句："这肩上线条还是太粗。对不起……"

他拿起刮刀、木刀片轻轻划过软和的黏土，给肌肉一种更柔美的光泽。他健壮的手动起来了，他的眼睛闪耀着。"还有那里……还有那里……"他又修改了一下。他把台架转过来，含糊地吐着奇异的喉音。时而，他的眼睛高兴得发亮；时而，他的双眉苦恼地蹙着。他捏好小块的黏土，粘在像身上，刮开一些。

这样过了半点钟，一点钟……他没有再对我说过一句话。他忘掉了一切，除了他要创造的更崇高的形体的意象。他专注于他的工作，犹如在创世之初的上帝。

最后，他扔下刮刀，像一个男子把披肩披到情人肩上那般温存关怀地把湿布蒙上女正身像，于是，他又转身要走。在他快走到门口之前，他看见了我。他凝视着，就在那时他才记起，他显然对他的失礼而惊惶："对不起，先生，我完全把你忘记了，可是你知道……"

我握着他的手，感谢地紧握着。也许他已领悟我所感受到的，因为在我们走出屋子时他微笑了，用手抚着我的肩头。

按照美国心理学家米哈利·克塞克的说法，快乐意味着生活在一种"沉醉"的状态中，即完全投入一种活动，无论是工作还是娱乐。

当你醉心于某种爱好时，即使是独自一人，也不会感到孤单与寂寞。

# 打卡生活巧调整

　　每天打卡上班的生活，似乎有些枯燥与无奈。按部就班的日子里，要学会给自己一些好心情。毕竟，心情好了，工作积极性与创造力就上来了；而工作的顺利，又反过来给自己一个好心情——生活在这种良性循环中的人，是心情的主人、人生的强者。

　　1.音乐唤醒

　　铃声大作的闹钟会让神经受伤。一个轻松的起床仪式很有必要，比如选张喜欢的CD，用上音乐定时，美妙的音乐会在耳畔轻轻柔柔地唤醒你，带给你一天的好心情。

　　2.床上伸展操

　　也许你不相信，只要几个简单的步骤，恋床的毛病就会一扫而空。在穿衣服之前，不妨坐在床上做简单的伸展操，松松紧绷的肌肉和肩膀，慢慢地转转头、转转颈，深深地吸一口气再起身，会有一种舒畅感。

　　3.为自己做顿早餐

　　有人宁愿多睡半小时也不肯吃一顿可口的早餐。其实一天三顿饭早餐最重要，早餐是一天活力的来源，为了多睡一会儿而省掉早餐是最不划算的，一来健康大打折扣，二来失去了享受宁静早餐的美妙感觉。下决心明天早起半小时为自己做顿可口的早餐吧！它能带给你精力充沛的一天。

### 4. 洗个舒缓浴

淋浴或泡澡要看你的时间充裕与否。如果泡澡，水温不宜太高，时间也别拖得太长，选一些含有柑橘味的淋浴品，对于提升精神是最好的。如果是淋浴，告诉你一个消除肩膀肌肉酸痛的小秘方，在肩上披上毛巾，以可容忍的热度，用莲蓬头水柱冲打双肩，每次10分钟，每周3次以上，效果很佳。

### 5. 尝尝自己做的点心

研究证明，吃甜食有助抚慰沮丧情绪。其实，品尝自制的小点心不但有成功的喜悦，同时，在烹调的过程中，也有意想不到的乐趣。如果你的厨房设备很简单，就做一道好吃的米布丁吧。在小锅中加入适量米和水同煮，接着加入适量牛奶继续煮，直至将米煮成米糕状，待牛奶汁略收干时加入糖，再加上一个蛋黄，享用时，撒上葡萄干就可以了。

### 6. 掸掸灰，吸吸尘

厨房的碗筷堆得快溢出水池，窗上积了一层灰，脏衣服满地都是……与其惹得自己心烦意乱，不如花点时间吸吸尘、掸掸灰，整理一下。当你环视四周时，心情会无尽地畅快。

### 7. 远离电视

研究显示，以看电视为生活重心的人，比较不快乐。是的，有时候躺在沙发上，盯着电视一整天，最后感觉好像什么也没看到，什么也没记住，然后就开始懊恼后悔，不该让电视占了那么多的时间。

8.出门遛遛

阳光和煦、春风徐徐的日子，最适合出门，抖掉一身关在家中、闷在城市的霉味。

9.静下心来看本书

还记得书本散发的浓浓墨香吗？还记得手指翻动书页的温柔触感吗？还记得上一次被书中的情节深深感动是什么时候吗？找个时间，冲杯咖啡，再一次回味那种感觉吧！

10.买件礼物送自己

可能是一束花、一条披肩、一双并不昂贵却十分舒服的鞋，甚至是一顿讲究的可口菜肴，偶尔宠爱自己，足以治愈高压紧张所带来的坏心情。

# 改变环境，不如改变心情

有一位高级管理人员，过度烦恼于每天所发生的事，所以有人建议他应该出去走走："出国旅游将会减轻你的焦虑。"

因此他开始出国旅游。

"但，为什么我的焦虑却有增无减呢？"他不解地问。

"因为你还是你啊！"心理专家说，"本来事业对你来说已是一个负担，现在加上出国旅游就变成了两个负担，你的焦虑当然有增无减。"

"那该怎么办呢？"

心理专家露出一贯的笑容，亲切地说："改变环境，不如改变心情。"

有多少为职场拼杀而疲倦的人度假散心，或是到远处去寻求宁静，但过不了多久，心里的杂念便又腾起，"糟了，有件事需要尽快处理，支票也快到期了，家里不知道有没有什么事……"他们总是计算着有多少事还没做，同时还记挂着必须完成的下一件事。这种所谓的度假散心，真还不如没有。

想一想，当我们外出旅游时，虽然离开了那个环境，却没有离开那个心境。这样的旅程不是很有负担吗？这又有何益呢？

# 四个消除职场焦虑的方法

职场白领的亚健康问题已经成了不少人面临的一个难题。亚健康的根源，是来自精神而非身体。只不过，当精神的负面因素达到一定程度之后，会影响其身体。

职场白领最常见的负面情绪是焦虑。焦虑是过分担心产生威胁自身安全的事件和其他不良后果的心理状态。焦虑能导致紧张、易怒、失眠、植物性神经紊乱等一系列生理、心理反应，降低生活质量和工作效率。当人面临焦虑时，可以通过以下方法来自我调整：

1.默想法

默想是一种鼓励自己运用想象力来表达良好愿望的方法。例如，你可以闭上眼睛，把痛苦想象为一块冰，把松弛想象为太阳，太阳的温暖使冰慢慢融化，伴随出现的是紧张的解除。

2.色彩法

红色、黄色和橙色属暖色调，可使人兴奋；蓝色和绿色属冷色调，可以降低紧张度。除了有意创造一定的色彩环境外，还可以用默想色彩的方法来减轻焦虑。

3.音乐法

选择一个舒适的环境，闭上眼睛听优美的音乐，同时排除一切杂念，全身尽量放松，这样可有效地缓解焦虑。

## 4.倾诉法

焦虑时找一位知己倾诉一番，这是缓解焦虑的好方法。若一时无人可倾诉，可采用唱歌、写字、作画等形式宣泄不良情绪。

# 让心情轻轻松松

没见过一辆马力经常达到极限的车会用得长久；没见过一根绷得过紧的琴弦不易拉断；也没见过一个心情日夜紧张的人不易得病。所以，善驶车的人永不把车开得过快，善操琴的人永不把琴弦绷得过紧，善养生的人永不使心情日夜紧张。

第二次世界大战时，丘吉尔新到北非蒙哥马利行辕去闲谈时，蒙说："我不喝酒，不抽烟，到晚上10点钟准时睡觉，所以我现在还是百分之百的健康。"丘却说："我跟你相反，既抽烟，又喝酒，而且从不准时睡觉，但我现在却百分之二百的健康。"很多人都引为怪事，以丘吉尔这样一位身负两次大战重任、工作繁忙紧张的政治家，生活这样没有规律，何以寿登大耄，而且还百分之二百的健康呢？

其实只要稍加留意就可知道，丘吉尔健康的关键，全在有恒的锻炼，轻松的心情。他既抽烟，又喝酒，且不准时睡觉，但你没见他在战事最紧张的周末还去游泳吗？没见他在选举战白热化的时候还去垂钓吗？没见他刚一下台就去画画吗？没见他那微皱起的嘴边上，斜插着一支雪茄的轻松心情吗？

使心情轻松的第一要道是"知止"。"知止"于是心定，定而后能静，静而后能安，静而且安，心情还有什么不轻松的呢？

使心情轻松的第二要道是"谋定后动"。做任何事情，要先有个周密的安排，安排既定，然后按部就班地去做就能应付自如，不会既忙且乱了。在这瞬息万变的社会里，当然免不了会出现偶发事件，此时更要沉住气，详细地安排。事事都"谋定后动"，就能像谢安那样在淝水之战最紧张时还能充满闲情逸致地下棋。

使心情轻松的第三要道是"不做不胜任的事"。《史记·酷吏列传》里有"胜任愉快"一词，合理至切。假如你身兼八职，顾此失彼；或用非所长、心余力绌，心情又怎能轻松呢？

使心情轻松的第四要道是"拿得起，放得下"。对任何事都不可一天24小时地念念不忘，否则，不仅于身有害，且于事无补。

使心情轻松的第五要道是"在轻松的心情下工作"。工作尽可紧张，但心情须轻松。在肩负重担的时候，千万记住要哼几句轻松的歌曲。在写文章累了的时候，不妨高歌一曲。要知道心情越紧张，工作越做不好。要想身体好，工作好，就一定要保持轻松的心情。

使心情轻松的第六要道是"多留出一些富余的时间"。好多使我们心情紧张的事，都是因为时间短促，怕耽误事引起的。若每一件事都多留出些时间来，就会不慌不忙、从容不迫了。有个最简单的办法就是把自用手表拨快一点，从而可以时时刻刻用表面上的时间警示自己，如此既不误事，又可轻松。

# 心里不妨糊涂一点

年终的先进奖眼看到手了，却突然易主，要好的同事悄悄地告诉你可能是张三搞的鬼，怂恿你把事情查清楚。主任的空缺你呼声最高，但默默无闻的李四却坐了上去，据说是李四打了小报告……

职场上的得得失失、是是非非都被一场场迷雾所笼罩，有的人凡事都太认真，要丁是丁、卯是卯，搞得人累心乏，却仍探求不到所谓的"真相"，最后弄得神憎鬼厌。

"难得糊涂"是一个人修养到一定程度的产物。郑板桥早就提醒天下人："退一步天地宽，让一招前途广。"如果一个人凡事全都认真，并且与人斤斤计较，那必定烦恼不断。因此，我们何不来点"糊涂哲学"呢？

"大事不糊涂，小事装糊涂"，是许多智者的人生经验之谈。做人不肯糊涂是会增加烦恼和痛苦的，没有必要事事计较，处处讲理。

有时候清晰是一种美，有时候模糊是一种美。

# 第五章

用好心情调制爱情之酒

健康的爱情有韧性，拉得开，但又扯不断。

　　谁也不限制谁，谁也离不开谁，这才是真爱。

# 别把话留到下次说

席散后，她向理查德走来。可理查德压根儿没告诉她自己正眼巴巴地盼着能在此见到她呢！

谈了一会儿，他们便看起往昔的照片来。他们穿着长长的礼服，一动不动地站在那儿，眼睛里闪烁着年轻人才有的那种热切光芒。他问她现在住什么地方，有没有孩子，她说她没有孩子，只有丈夫和一只猫。

他们谈得很投机，彼此觉得老友相逢，实在令人庆幸。然后，他们就道别了。

当然，她现在老多了。可一看到她那张脸，便使理查德想起，她就是当年自己在月光下见到的那位姑娘。

记得那个晚上，理查德和她恰好一起从教堂出来。他们沿着教堂旁的路道款款而行。皓月当空，他们俩都觉得那晚的夜色很美。之后，她向他转过脸来，借着月光，只见她那缕缕青丝乌亮乌亮的，一双温情的眸子秋波闪闪。理查德不禁自言自语道："哦，她真美啊！"当时，他就想：今后一定要约她出来跟自己一块儿……然而，他始终没敢这样做。

今天，理查德本想把自己当时那一片眷恋之情诉说给她听。可又想，老朋友会面时是不该谈这些的。再说，他们俩还跟从前一样，羞于启齿。虽然，他们都早已跨过不惑之年，但还是不好意思说出个"爱"字。

我们的心中常会有这样或那样的遗憾。但遗憾的往往不是已经消逝了的那一片刻，不是在月光下再也见不着的那个美丽的姑娘，不是生命中那些美好时光的流逝，而是我们自己，总爱把心里话留待下次再说。

# 铃铛不会自己响

胆小的青年想对倾心已久的女孩吐露心声，但说不出口，只好说：

"……你的父亲最近好吗？"

"很好。"

"那么，你的母亲呢？"

"她也很好。"

"你的哥哥呢？"

"他也非常好。"

接下来青年瞪大了眼睛，沉默了很久很久，女孩忍不住地说道：

"我……我还有一位祖母呀！"

其实，大部分人习惯把真实的自我藏在心里，不敢向别人表露。久而久之，成为心病。或为了不得罪人、不给别人坏印象，而变得"拐弯抹角"，变得"言不由衷"。

这种扭曲自己想法、"不直接"的表达方式，往往也会造成人与人之间沟通的障碍。

不要再禁锢自己的情感了，向人表达情感是忠于自己，也是对对方最大的恭维和肯定。要记住，除非你去摇铃铛，否则铃铛不会自己响，把心里的话说出来吧！

# 主动让道

一个年轻人抱怨妻子近来变得忧郁、沮丧，常为一些鸡毛蒜皮的小事对他嚷嚷，甚至会对孩子无缘无故地发脾气，这都是以前不曾发生的现象。他无可奈何，开始找借口躲在办公室，不愿回家。

一位经验丰富的长者问他们最近是否争吵过，年轻人回答说，为了装饰房间发生过争吵。他说："我爱好艺术，远比妻子更懂得色彩，我们为了每个房间的颜色大吵了一场，特别是卧室的颜色。我想漆这种颜色，她却想漆另一种颜色，我不肯让步，因为我对颜色的判断能力比她要强得多。"

长者问："如果她把你办公室重新布置一遍，并且说原来的布置不好，你会怎么想呢？"

"我绝不能容忍这样的事。"年轻人答道。

于是长者解释："你的办公室是你的权力范围，而家庭及家里的东西则是你妻子的权力范围。如果按照你的想法去布置'她的'厨房，那她就会有你刚才的感觉，好像受到侵犯。当然，在住房布置问题上，最好双方能意见一致，但是要记住，做决定时要尊重你妻子的意见。"

年轻人恍然大悟，回家对妻子说："你喜欢怎么布置房间就怎么布置吧，这是你的权利！"

妻子大为吃惊，几乎不相信丈夫的这种突然改变。

年轻人解释说是一个长者开导了他，他意识到错了。妻子非常感动，后来两人言归于好。

夫妻生活和其他许多人际关系一样，会有这样那样不尽如人意的地方，针锋相对永远不是解决的好方法，主动让道则能使双方更多感受到宽容的力量。只有以宽容态度面对问题，才可能很好地解决问题。

爱情之所以可以成为催人上进的力量，不是由于严厉，而是由于宽容。爱情使人原谅了爱人的种种缺点、毛病，因而使爱人"旧貌换新颜"。

# 欣赏别人可爱的一面

一位年轻太太向咨询师抱怨:"我先生从不赞美我,整天挑东拣西的。不管我做什么事,他总可以找出缺点来批评。"

咨询师说:"喜欢批评是缺乏自信的表现,你先生是不是有这方面的问题?"

她想了一会儿说:"我想很有可能。"

"如果是这样的话,你应该多去赞美他,提高他的自信,减少批评。"

"我从来没想到这点。"她说道,"但你说对了!因为我一天到晚只注意到想听他对我的赞美,早已忘记我上次什么时候夸赞过他了。"

生活中我们认为最不需要赞美的人,通常最需要赞美。

郑板桥有句名言:"以人为可爱,而我亦可爱矣。"这是鼓励大家尽量去欣赏别人可爱的一面,那么,他人也会因之欣赏我们的可爱处。时常赞美别人的人,自身必有更值得赞美之处。

# 别问公平不公平

一位年轻的女人向闺蜜诉说自己不愉快的婚姻生活。她的丈夫是保险公司的职员，因为一句话惹她生气，她便大发雷霆："你怎么可以这样说，我可是从来没有对你说过这样的话。"

当他们吵架提到孩子时，女人说："这不公平，我从不在吵架时提孩子。""你整天不在家，我得和孩子看家。"……

她在婚姻生活中处处要公平，难怪日子过得不愉快。整天都让公平与不公平的问题搅扰自己，却从不反省自己。如果她认识到这一点并加以改进的话，相信她的婚姻生活会大大改观。

还有一位夫人，她的丈夫有了外遇，使她感到万分伤心，并且弄不明白为什么会这样？她不断地问自己："我到底有什么错儿？我哪一点配不上他？"她认为丈夫对她不忠实在是太不公平。终于，她也效仿自己的丈夫有了外遇，并且认为这种报复手段可谓公平。但是，同愿望相反，她的精神痛苦并未减轻。

与其抱怨对方，不如积极地纠正自己的观点，把注意力由配偶转向自身，舍去"他能那么做，我为什么不能跟他一样"的愚蠢想法，看看自己怎样做，才可能对自己的婚姻生活更有益。

其实，无论爱情还是婚姻，都别计较什么公平不公平。

第五章　用好心情调制爱情之酒

# 苏菲的黄玫瑰

苏菲坐在自家客厅的窗前，她是那么安静，她朝外面看着，静静地看着，她没想看到什么，可是她还是看见了：一群群经过的孩子——喧闹的男孩和说笑着的女孩，一个匆匆的邮递员，还有纷纷落下的雪。

她坐在一把摇椅上，摇椅是乔为他们结婚40周年纪念而送给她的。椅子还在，而她的乔却已逝，永远地。

今天，是2月14日，情人节。明天，明天就是2月15日了，是他离去6个月的日子。

她看见花店的送货车，送货车开得很慢，最后停在了邻居玛逊太太的家门前。苏菲暗中琢磨着，是谁给她送的花呢？是她在威斯康星的女儿，要不是她的哥哥？也许不会是她的哥哥，因为他病着，那就一定是她女儿了，多好的女儿啊……

然而玛逊太太显然没在家，她看见那送货人犹豫了片刻便朝自己这里走来了。

能不能先替邻居保存这些花？

当然。

盛花的盒子几乎和桌子一样长，馥郁的玫瑰花香淹没了她，她闭上眼睛深深地呼吸着。她猜想这应该是黄玫瑰，乔过去送她的就是黄玫瑰。"给我的太阳。"他总是这样说，亲她的额头，握住她的手唱，"你是我的阳光"。

接下来苏菲似乎在恍惚之中了。她踩着凳子从衣橱顶上取下一只白瓷花瓶注满了水，打开花盒取出玫瑰插了进去。她两颊绯红，抚着娇嫩的花瓣，脸上是陶醉的笑，甚至还轻盈优雅地舞了一小圈——她完全沉浸在对往事的美好回味中了。

她早已忘记这花并非属于她，她也许听见了玛逊太太的敲门声，可是她没有理会。

直到玛逊太太再次来，苏菲似乎才想起花的事情。花盒子已经打开，玫瑰令人尴尬地插在自家的花瓶里，苏菲的脸腾的一下就红了，怎么向她解释呢？

苏菲结结巴巴地想向玛逊太太道歉，然而却听她说："哦，太好了，想必你已经看到卡片了，但愿你的乔的笔迹没吓你一跳。他曾经让我在他去世后的第一个情人节替他送一束玫瑰给你，他不想吓着你，去年4月就在种花人那里安排好了。他叫它'玫瑰的信任'。你的乔是一个多好的人啊……"

苏菲已经听不见她在说什么了，她的心咚咚跳着，颤抖的手拿起一只小白信封——它一直附在花盒子上，然后拿出卡片，上面写着：

给我的太阳。全身心地爱你。当你想我的时候，要快乐一些。

爱你的乔

故事很短，可真的令人回味无穷。

应该记住的是，我们是活在今天、活在现在的。我们今天的生活、感受、欢乐、痛苦以及平平常常的一些事、普普通通的一些人，都可能变成今后被回味的对象。既然如此，那么我们现在为什么对眼前的一切没有过分的感慨和哀伤呢？

# 莫让爱成为伤害

天鹅湖中有一个小岛，岛上住着一位老渔翁和他的妻子。平时，渔翁摇船捕鱼，妻子则在岛上养鸡喂鸭，除了买些油盐，他们很少与外界往来。

有一年秋天，一群天鹅来到岛上，它们是从遥远的北方飞来，准备去南方过冬的。老夫妇见到这群不速之客，非常高兴，因为他们在这儿住了那么多年，还没谁来拜访过。

渔翁夫妇为了表达他们的喜悦，拿出喂鸡的饲料和打来的小鱼招待天鹅，于是这群天鹅跟这对夫妇熟悉起来，在岛上，它们不仅大摇大摆地走来走去，而且在老渔翁捕鱼时，它们还随船而行，嬉戏左右。

冬天来了，这群天鹅竟然没有继续南飞，它们白天在湖上觅食，晚上在小岛上栖息。湖面封冻，它们无法获得食物，老夫妇就敞开他们的茅屋让它们进屋取暖，并且给它们喂食，这种关怀一直延续到春天来临，湖面解冻。

日复一日，年复一年，每年冬天，这对老夫妇都这样奉献着他们的爱心。有一年，他们老了，离开了小岛，天鹅也从此消失了，不过它们不是飞向南方，而是在冬天湖面封冻期间饿死的。

在这个世界上，最伟大的莫过于爱；但爱也要有个度，超过这个度，爱就有可能变成一种伤害。

放飞你的爱人，否则，在不可知的未来，你的爱也许会变成一种伤害。

# 爱情保鲜术

一位男士有天晚饭后正在家中看电视，不知结婚三年的太太在一旁唠叨些什么，他专注地盯着电视，没去理会。

这时太太突然一下站了起来，开始在客厅里翻箱倒柜找东西，找着找着，逼近了他身旁，甚至把他坐着的沙发垫也给翻了过来。

这下他实在忍不住，便开口问："你到底在找什么？"

她说："我在找我们感情中的浪漫，好久没看到了，你知道它在哪儿吗？"

这个回答既幽默又令人心疼，也道出了许多老夫老妻心中的无奈。

在一起久了，感情的确稳定下来，但风味似乎也由浓烈转为清淡。原先的激情不在，猛一回首，才惊觉自己手中一路捧着的爱情之花早已如风干的玫瑰，变味走调多时。

不时传出消息，许多爱情长跑多年的名人情侣宣布分手，而普普通通的你我也听到周围朋友分分离离的消息此起彼落，不禁让人担心起来，爱情是否真是无常。

其实对待爱情，应该如同照顾鱼缸中的热带鱼，必须常常换水以保新鲜，这样五颜六色的热带鱼才能自在、顺心地摇摆出绚烂的生命力。

在这里，编者提供一个有趣的"方子"，我们可以把它称为"亲密大补贴"，是一个三乘三处方，亦即一天三次、一次三分钟，主动对另一半表达你的爱意。

每天的三次分别在什么时间进行比较好呢？不妨试试早上起床前、上班时以及晚上就寝前。

早上睁开眼，先别急着下床，可以抱抱另一半，享受跟心爱的人一起睡醒的温暖；在上班时找个时间通三分钟电话，告诉对方你正想着他（她）；晚上临睡前，花些时间相互表达浓情蜜意。

这个做法非常合乎快乐的原则，因为快乐感不能一曝十寒，而是源于随时产生的小小成就感累加后的效应。

把你的爱情当成鱼缸中的热带鱼，使用三乘三"亲密大补贴"来悉心照料，你会发现，你的爱情将能永葆新鲜。

# 第六章

家的港湾因好心情而温馨

婚姻不仅仅是爱情的延续，还是一场责任与付出的修行。在这条路上，携手共进、互相扶持，才能走得更加长远而深刻。

# 让配偶保持好心情

不少人常抱怨婚后的生活枯燥又乏味，这是因为他们不懂得夫妻间保持好心情的方法。每个人都希望和自己的爱人共同回到年轻的时代，都希望维持恋爱时的美好感觉，而这一点就是保持家庭和睦的绝招。

比如，在忙完一天的家务之后，你不妨搞一点艺术方面的游戏，送配偶一张拼贴画做礼物，这可以真正地检验你的创造力。买本杂志，把只对你俩有意义的画面和话语剪下来，从不同的角度把它们巧妙地组合起来，然后专门给它做个框，镶起来。你简直不敢相信它做好以后，会是多么富有意趣。

无论男女，都非常惧怕年龄的增长。只要在结婚纪念以及类似可以纪念的日子里，想办法创造一种年轻阳光的气氛，便能博得对方的欢心，因为这迎合了配偶追求浪漫和惧怕衰老的心理。两人可以坐到一起，共同回忆刚开始恋爱的事情。在这样的日子里可以给爱人买些礼物，譬如香水、领带、手表。送的礼物最好是个人用品，不要送共同性的物品，如窗帘、收录机一类的，因为这类礼物，对方也许会觉得你心不诚，不是专门为他（她）买的。

也有的配偶更喜欢家庭成员的聚会，这方面的兴趣似乎胜过了两个人单独在一起卿卿我我。所以，不论是谁的生日或是母亲节、重阳节，都可以借机把全家人召集在一起聚会，以从中获得乐趣。

# 感谢停电

生活就像确定的模子，铸出了一个个相同的日子。每天清晨，匆匆地起床，大人上班，小孩去幼儿园。晚上一回家，妻和我匆匆忙忙弄好晚餐，稀里糊涂地填饱肚子。然后，看电视，从《新闻联播》开始，即使没有精彩的节目，也常常打着哈欠等一个个电视台的播音员说"再见"。

那天，一切都同往常一样，只是刚准备吃晚饭，突然停了电，电视没法看了。饭后无事可做，一家三口做了一次久违的散步，女儿在操场上安排我们做了好几个从幼儿园学来的游戏。一家人玩得好开心。

回到家中，坐在烛光下，正觉无聊，一眼瞥见了墙上挂着的吉他。取下尘封的吉他，试着弹了几曲，僵硬的手指渐渐地舒展开了，妻和我唱了一曲又一曲曾经一起唱过的老歌，似乎回到了恋爱的季节。女儿听得入了迷，扯开嗓子也要加进来，我只好用吉他给她的儿歌伴奏。这一夜，我们一家子唱了好久好久。

"感谢"停电。生活中本有许许多多温馨、隽永的时刻，可是我们在忙碌的生活中，已越来越不注重感情的交流，爱情、亲情、友情都不知不觉被电视节目湮灭，总觉得生活枯燥贫乏。但在这个晚上，只因为停电，一股温暖、快乐的亲情荡漾在家中。

# 有心才有好心情

有的人在结婚时对婚姻生活有新鲜感，对过家庭生活很有热情，俗语说就是很有"心气"。但日子久了，新鲜感消逝，总觉得日子都一个样，今天像是昨天的翻版，明天就是今日的复制，找不到生活的鲜活感，变得机械，甚而麻木。见诸报端杂志的关于家庭生活的讨论中，经常有这样的题目，比如"生活的激情哪里去了?""机械式的日子使人麻木"等。在这种心态下，本来平淡的日子就会过得更没意思，过得提不起精神来。实际上，生活虽然平淡，但仍然是能够在平淡中过出情趣的，这主要看对生活取什么样的态度。

在家庭生活中，有的人把生活看得太过于实在，完全把自己局限于具体的事务中，有意无意地挤掉了可以存在的一些情调。妻子的生日到了，丈夫兴冲冲地买了一束鲜花献上，可妻子却怪丈夫买花太贵，责怪丈夫为什么不用买花的钱去买一些肉食蔬菜。一句责怪，就可能浇灭丈夫的热情，浇灭本该有的一点浪漫。事情不大，如果接二连三地出现，丈夫哪还有兴致去制造情趣呢?

而有的夫妻则会共同营造这种气氛，努力使婚姻生活保持长久的鲜活。比如最近报纸上介绍了这样的一个事例:

有一对夫妻每过一段时间就像恋爱时一样到当初经常见面的地方约会。女的会在家精心打扮一番，男的则从单位下班后直接赴约。每次约会都使他们感到惊喜，重温往日的柔情，他们说，这样做使他们在平淡的生活中，依然能感受到令人陶醉的情趣。

如果消极、被动地适应漫长的婚姻生活，是无论如何也没法感受生活的情趣的，只有以积极、主动的态度，达观的姿态面对生活，才能使日子常过常新。当然，每个人追求的情趣是不一样的，因为每个人的禀性、兴趣、爱好都不同，但是只要有心，就能找到自己所希望的那份心情，在平淡甚至单调、枯燥的日子里，创造出鲜活的亮色。

# 爱的礼物

爱德华先生是个成功而忙碌的银行家。由于成天跟金钱打交道，不知不觉，爱德华先生养成了喜欢用钱打发一切的习惯，不仅在生意场上，对家人也如此。他在银行为妻子儿女开设了专门的户头，每隔一段时间就拨大笔款额供他们消费；他让秘书去选购昂贵的礼物，并负责在节日或者某个纪念日送上门。所有事情就像做生意那样办得井井有条，可他的亲人们似乎并没有从中得到他所期望的快乐。时间久了他自己也很抱屈：为什么我花了那么多钱，可他们还是不满意，甚至还对我有所抱怨？

爱德华先生订了几份报纸，以便每天早晨可以浏览到最新的金融信息。原先送报的是个中年人，不知何时起，换成了一个10来岁的小男孩。每天清晨，他骑单车飞快地沿街而来，从帆布背袋里抽出卷成筒的报纸，投在爱德华先生家的门廊下，再飞快地骑着车离开。

爱德华先生经常能隔着窗户看到这个匆忙的报童。有时，报童一抬眼，正好也望见屋里的他，会调皮地冲他行个举手礼。见多了，就记住了那张稚气的脸。

一个周末的晚上，爱德华先生回家时，看见那个报童正沿街寻找着什么。他停下车，好奇地问："嘿，孩子，找什么呢？"报童回头认出他，微微一笑，回答说："我丢了5美元，先生。""你肯定丢在这里了？""是的，先生。今天我一直待在家里，除了早晨送报，肯定丢在路上了。"

爱德华先生知道，这个靠每天送报挣外快的孩子不会生长在生活优越的家庭；而且他还可以断定，那丢失的5美元是这孩子一天一天慢慢攒起来的。一种怜悯心促使他下了车，他掏出一张5美元的钞票递给他，说："好了孩子，你可以回家了。"报童惊讶地望着他，并没伸手接那张钞票，他的神情分明在告诉爱德华先生：他并不需要施舍。

爱德华先生想了想说："算是我借给你的，明早送报时别忘了给我写一张借据，以后还我。"报童终于接过了钱。

第二天，报童果然在送报时交给爱德华先生一张借据，上面的签名是菲里斯。其实，爱德华先生一点都不在乎这张借据，不过他倒是关心小菲里斯急着用5美元干什么。"买个圣诞天使送给我妹妹，先生。"菲里斯爽快地回答。

孩子的话提醒了爱德华先生，可不，再过一星期就是圣诞节了。遗憾的是，自己要飞往加拿大洽谈一项并购事宜，不能跟家人一起过圣诞节了。

晚上，一家人好不容易聚在一起吃饭，爱德华先生宣布："下星期，我恐怕不能和你们一起过圣诞节了。不过，我已经交代秘书在你们每个人的户头里额外存一笔钱，随便买点什么吧，就算是我送给你们的圣诞礼物。"

饭桌上并没有出现爱德华先生期望的热烈，家人们都只是稍稍停了一下手里的刀叉，相继对他淡淡地说了一两句礼貌的话以示感谢。爱德华先生心里很不是滋味。

星期一早晨，菲里斯照例来送报，爱德华先生却破例走到门外与他攀谈。他问孩子："你送妹妹的圣诞天使买了吗？多少钱？"

菲里斯点头微笑道："一共48美分，先生。我昨天先在跳蚤市场用40美分买下一个旧芭比娃娃，再花8美分买了一些白色纱、绸和丝线。我同学拉瑞的妈妈是个裁缝，她愿意帮忙把那个旧娃娃改成一个穿漂亮纱裙、长着翅膀的小天使。要知道，那个圣诞天使完全是按童话书里描述的样子做的——我妹妹最喜欢的一本童话书。"

菲里斯的话深深触动了爱德华先生，他感慨道："你多幸运，48美分的礼物就能换得妹妹的欢喜。可是我呢，即便付出了比这多得多的钱，得到的不过是一些不咸不淡的客套话。"

菲里斯眨眨眼睛，说："也许是他们没有得到期望的礼物？"爱德华先生皱皱眉，他根本不知道他的家人想要什么样的圣诞礼物，而且似乎从来也没有询问过，因为他觉得给家人钱，让他们自己去买是一样的。他不解地说道："我给他们很多钱，难道还不够吗？"菲里斯摇头道："先生，圣诞礼物其实就是爱的礼物，不一定要花很多钱，而是要送别人心里希望的东西。"

菲里斯沿着街道走远了，爱德华先生还站在门口，沉思好久好久才转身进屋。屋子里早餐已经摆好了，妻子儿女们正等着他。这时，爱德华先生没有像平时那样自顾自地边喝牛奶边看报纸，而是对大家说："哦，我已经决定取消去加拿大的计划，留在家里跟你们一起过圣诞节。现在，你们能不能告诉我，你们心里最希望得到什么样的圣诞礼物呢？"

人是感情动物，精神上的需求是金钱所不能代替的。其实，在特殊的日子里买束花给配偶，在六一儿童节带孩子去趟动物园，并不会花去你多少精力。你若能将爱表达得感性一点，相信你会为拥有一个更加和美的家庭港湾而精神百倍！

# 只要你心里喜欢

周末与家人团聚，各自谈论自己感兴趣的事情。父亲总是用他那稳稳当当不紧不慢的语调重复着那些老掉牙的话题。我们总是做出很认真听的样子。真的，这不是虚伪，只要你喜欢，那种乐融融的气氛就会永远围绕着你，你就会快乐。

第一次吃西餐，傻傻地用叉子举起一整块面包，全不顾周围人的惊讶与讪笑，依然吃得津津有味。只要你能够，在旁人阴冷的目光里做你喜欢做的事，仍然保持你不加修饰的天真的稚气，你就会快乐。

几天前，与一位失恋的朋友谈及人生意义的问题。她说，女人只有附属于男人生活才会有意义，才会幸福。她不想依附，所以她老是失恋。这说法我实在不敢苟同，我很想反问："假如你现在没有失恋，你处处依附他，你觉得幸福吗？"关键的是你自己，幸福与否要靠自己掌握。只要你能够，在芸芸众生里保持一点属于自己的个性，不委屈自己也不委屈别人，潇洒地生活，那么，你就会永远快乐。

生活如七彩的阳光。痛苦有时是欢乐的源泉，失败或许是成功的基石。大雨过后必是晴空。所以，你想哭的时候，就痛痛快快地大哭一场；想笑的时候，也不妨真诚地笑上几次。只要你喜欢！

快乐的人即使没有半个铜板也不是一无所有。

快乐是人的一笔重要财富。

# 为什么不好好沟通

"你们为什么不好好沟通呢?"心理专家向一对已经冷战数日的夫妻问道。

"我跟他没什么好说的。"太太说。

丈夫听完也不甘示弱地回道:"我才懒得理你!"

看到这种情形,心理专家用低沉的声音问道:"如果,你们知道在今天回家的路上,一个人会遇到不测,你们还会坚持这种态度吗?"

两人迟疑了一会儿后,都不好意思地回答。"喔!当然不会。"

"那么,你们一定要等到那时,才愿意和解吗?"

不要等到明天,才让所爱的人知道你对他的爱;不要等到明天,才原谅对方的过错;不要在纷争还没得到化解之前,就置之不理。

因为,每次你遇见某人,即使一切都如此平常,但都有可能是你们最后的一面。

沟通是上天赠予人类的美妙礼物,它能瓦解心与心之间的壁垒,让心不再孤单与寒冷。

# 第七章

# 人际关系因好心情而融洽

开心并不永远是幸运的结果，有时它更像是我们在逆境中选择的一种态度。生活充满了不确定性与挑战，幸运并不会总是眷顾我们。真正的开心往往源于内心的平和与坚韧，而不是外界的恩赐。

# 助人为乐者乐

有一个很自私的生意人，因人际关系而闷闷不乐。有天晚上，他梦到一个白胡子老人对自己说："来，我带你去看看地狱。"他们进入了一个房间，许多人正在围着一只煮食的大锅坐着，他们眼睛直呆呆地望着大锅，又饿又失望，心情格外郁闷。他们尽管每个人手里都有一只汤匙，但因为汤匙的柄太长，食物根本没法送到自己的嘴里。

"来，现在我带你去看看天堂。"老人又带他进入另一个房间。这个房间跟上个房间一样，也有一大群人围着一口正在煮食的大锅坐着，他们的汤匙柄跟刚才的那群人的一样长。所不同的是，这里的人心情愉快，又吃又喝，有说有笑。

生意人看完这个房间，奇怪地问老人："为什么同样的情景，这个房间的人心情快乐，而那个房间的人却郁闷呢？"老人微笑着说："难道你没有看到，这个房间的人都学会了喂对方吗？"

这个故事生动地告诉世人，人活在世上要学会分享和给予，养成互爱互助的行为。他们在地狱里看到的那群自私鬼，宁愿自己饿得发慌，也不愿去喂对方。英国著名诗人布朗宁说，把爱拿走，地球就变成一座坟墓了。而在天堂里，看到的是"施恩与人共分享，献花手中留余香"。正像俄国伟大的作家托尔斯泰所说："神奇的爱，使数学法则失去平衡，两个人分担一个痛苦，只有一个痛苦；而两个人共享一个幸福，却有两个幸福。"

世界著名的精神医学家阿尔弗雷德·阿德勒曾经发表过一篇令人惊奇的研究报告。他常对那些孤独者和忧郁症患者说："只要你按照我这个处方去做，14天内你的孤独忧郁症一定可以痊愈。这个处方是——每天都想一想，怎样才能使别人快乐？"

无论一个人的生活多么平凡，即使生理上有这样那样的缺陷，都应该学会这个精神处方——多想想，怎样才能使别人快乐？

有一个盲人在夜晚走路时，手里总是提着一个明亮的灯笼，别人看了很好奇，就问他："你自己看不见，为什么还要提灯笼走路？"那个盲人满心欢喜地说："这个道理很简单，我提上灯笼并不是给自己照路，而是为别人提供光明，帮助别人。我手里提上灯笼，别人也容易看到我，不会撞到我身上，这样就可以保护自己，也等于帮助自己。"

在漫漫的人生路上，你如果觉得自己孤寂，或者觉得道路艰险，那就照阿德勒的话去做，每天都想一想，怎样才能使别人快乐？这样你定会逢凶化吉、因祸得福，快乐就会飞到你的身边，使你远离痛苦与烦恼。你在送别人一束玫瑰的时候，自己手中也留下持久的芳香。

快乐如同香水，你把它喷洒到别人身上时，总有几滴溅到自己身上。

# 心灵不设"墙"

我们每个人心中都有一座美丽的大花园。如果我们愿意让别人在此种植快乐，同时也让这份快乐滋润自己，那么我们心灵的花园就永远不会荒芜。

贝尔太太是美国一位有钱的贵妇人，她在亚特兰大城外修了一座花园。花园又大又美，吸引了许多游客，他们毫无顾忌地跑到贝尔太太的花园里游玩。

年轻人在绿草如茵的草坪上跳起了欢快的舞蹈；小孩子扎进花丛中捕捉蝴蝶；老人蹲在池塘边垂钓；有人甚至在花园当中支起了帐篷，打算在此过他们浪漫的盛夏之夜。贝尔太太站在窗前，看着这群快乐得忘乎所以的人们，看着他们在属于她的园子里尽情地唱歌、跳舞、欢笑。她越看越生气，就叫仆人在园门外挂了一块牌子，上面写着：私人花园，未经允许，请勿入内。可是一点也不管用，那些人还是成群结队地走进花园游玩。贝尔太太只好让她的仆人前去阻拦，结果发生了争执，有人竟拆走了花园的篱笆墙。

后来贝尔太太想出了一个绝妙的主意，她让仆人把园门外的那块牌子取下来，换上了一块新牌子，上面写着：欢迎你们来此游玩，为了安全起见，本园的主人特别提醒大家，花园的草丛中有一种毒蛇，如果哪位不慎被蛇咬伤，请在半小时内采取紧急救治措施，否则性命难保。最后告诉大家，离此地最近的一家医院在威尔镇，驱车大约50分钟可到。

这真是一个绝妙的主意，那些贪玩的游客看了这块牌子后，对这座美丽的花园望而却步了。可是几年后，贝尔太太的花园因为园子太大，走动的人太少而真的杂草丛生，毒蛇横行，几乎荒芜了。孤独、寂寞的贝尔太太守着她的大花园，她非常怀念那些曾经来她的园子里玩的快乐的游客。

篱笆墙是农家在房子四周的空地围起来的类似栅栏的东西，有的上面还有荆棘，不小心碰到会扎人。篱笆墙的存在是向别人表示这是属于自己的"领地"，要进入必须征得自己的同意。贝尔太太用一块牌子为自己筑了一道特别的"篱笆墙"，随时防范别人靠近。这道看不见的篱笆墙就是自我封闭。

自我封闭，顾名思义就是把自我局限在一个狭小的圈子里，隔绝与外界的交流与接触。自我封闭的人就像契诃夫笔下的装在套子中的人一样，把自己严严实实包裹起来，因此很容易陷入孤独与寂寞之中。自我封闭的人在情绪上的显著特点是情感淡漠，不能对别人给予的情感做出恰当的反应。在这些人脸上很少能看到笑容，总是一副冷冰冰、心事重重的样子。这无形中在告诉周围的人：我很烦，请别靠近我！周围的人自然也就退避三舍，敬而远之。

她得到的是什么呢？在封闭自己的同时，也使快乐和幸福远离。打开你的心灵的篱笆，让阳光进来，让朋友进来，你的心灵的花园就永远不会荒芜。

# 何苦两败俱伤

两辆的士狭路相遇，司机互不相让。

一阵争吵后，一个司机郑重其事打开报纸，靠在椅背上看报。

另一个司机也不甘示弱，大声喊道："喂！等你看完后能否把报纸借给我？"

另有一对父子，脾气都很犟，凡事都不愿认输，也不肯低头让步。一天，有位朋友来访，所以父亲就叫儿子赶快去市场买些菜回来。

儿子买完菜在回家的途中，却在狭窄巷口与一个人迎面对上，两人竟然互不相让，就这样一直僵持下去。

父亲觉得很奇怪，为什么儿子买个菜去那么久，于是前去看发生了什么事。当父亲见到儿子与另一个人在巷口对峙时，就气愤地对儿子说："你先把菜拿回去，陪客人吃饭，这里让我来跟他耗，看谁厉害！"

想解开缠绕在一起的丝线时，是不能用力去拉的，因为你愈用力去拉，丝线必定会缠绕得更紧。人与人的交往也一样，很多人只知道"得理不饶人"，却不晓得"顺风扯篷、见好就收"的道理，结果关系缠绕纠结，常闹到两败俱伤的地步。

# 感谢你的对手

一位动物学家对生活在非洲大草原奥兰治河两岸的羚羊群进行过研究。他发现东岸羚羊群的繁殖能力比西岸的强，奔跑速度也不一样，每一分钟要比西岸的快13米。

对这些差别，这位动物学家百思不得其解，因为这些羚羊的生存环境和属类是一样的。

有一年，他在动物保护协会的协助下，在东西两岸各取了10只羚羊，把它们送到对岸。结果，运到东岸的10只羚羊只剩下了3只，那7只全被狼吃掉了。

这位动物学家明白了，东岸的羚羊之所以强健，是因为在它们附近生活着一个狼群，西岸的羚羊之所以弱小，正是因为缺少这么一群天敌。

大自然的法则就是"物竞天择，适者生存"。没有竞争，就没有发展；没有对手，自己就不会强大；没有敌人，谈什么胜利。别再诅咒你的对手与敌人，应该感谢他们，是他们促成了你的成长。

# 擦净自家的窗户

刘太太多年来总是不断抱怨对面邻居的太太很懒惰，"那个女人的衣服，永远洗不干净，看，她晾在院子里的衣服，总是有斑点，我真的不知道，她怎么会把衣服洗成那个样子？"

直到有一天，有个明察秋毫的朋友到刘太太家，才发现不是对面太太的衣服没洗干净，而是刘太太家里的窗户脏了。细心的朋友拿了一块抹布，把刘太太家窗户上的污渍抹掉，说："看，这不就干净了吗？"

看到外面的问题，总比看到自己内在的问题容易些；而把错误归咎给别人，也比检讨自己来得容易。于是，有些愤世嫉俗的人，遇上有人过得比自己好，就想咬对方一口。斜视久了的眼睛看什么都不顺眼。

一个背向太阳的人，只会看见自己的阴影。别人此时看你，也只会看见你脸上阴黑的一片。人的眼睛仿佛像傻瓜相机，最怕逆着光照人相了——你的脸庞再美，只要背着光，一定是件失败的作品。

# 花圈与鲜花

一位妇人同邻居发生了纠纷，邻居为了报复她，趁黑夜偷偷地放了一个花圈在她家的门前。

第二天清晨，当妇人打开房门的时候，她深深地震惊了。她并不是感到气愤，而是感到仇恨的可怕。是啊，多么可怕的仇恨，竟然衍生出如此恶毒的诅咒！竟然想置人于死地！妇人在深思之后，决定用宽恕去化解仇恨。

于是，她拿着家里种的一盆漂亮的花，趁夜放在了邻居家的门口。又一个清晨到来了，邻居打开房门，一缕清香扑面而来，妇人正站在自家门前向她善意地微笑着，邻居也笑了。

一场纠纷就这样烟消云散了，她们和好如初。

冤冤相报何时了？宽容他人，除了不让他人的过错折磨自己外，还处处显示着你的淳朴、你的坚实、你的大度、你的风采。宽容他人，你将永远拥有好心情。只有宽容才能愈合不愉快的创伤，只有宽容才能消除一些人为的紧张。学会宽容，意味着你不再心存芥蒂，从而拥有一分流畅、一分潇洒。

在生活中我们难免与人发生摩擦和矛盾，其实这些并不可怕，可怕的是我们常常不愿去化解它，而是让摩擦和矛盾越积越深，甚至不惜彼此伤害，使事情发展到不可收拾的地步。

用宽容的心去体谅他人，其实也是在善待我们自己。当我们以平实真挚、清灵空洁的心去宽待别人时，心与心之间便架起了沟通的桥梁，这样我们也会获得宽待，获得快乐。

　　脚踏过紫罗兰，紫罗兰却将清香留在鞋底——这就是宽恕。

# 将心比心

"我恨透了这些人!"一位落魄潦倒的商人咬牙切齿地说,"为什么人都那么势利,有钱的时候就投向你,当穷困时所有的人都远离你?"

"这是不变的道理。"

"怎么说呢?"

"就拿市场来比方好了!"智者说,"市场早上人潮汹涌,可是到了夜晚就空无一人,这并不是因为人们早上喜欢市场而晚上讨厌市场,而是因为早上市场上有他们想要的东西,到了晚上市场上没有东西了他们也就离开了。但愿你能宽恕这些人!"

"恕"字拆开来看,是"如""心",就是"将心比心",你心如我心,我心如你心。宽恕的关键并不在时间的流逝,而是在于理解和谅解。

其实,即使我们受到了伤害,并不代表对方很坏,或有意伤害你。每个人都有不同的立场,也许换作你是他,你也会那么做。这样想一想,心中的愤怒就会被平和替代。

将心比心,推己及人。

# 他人气我我不气

人生难免遇到不如意的事情。许多人遇到不如意的事常常会生气：生怨气、生闷气、生闲气、生怒气。殊不知，生气，不但无助于问题的解决，反而会伤害感情，弄僵关系，使本来不如意的事更加不如意，犹如雪上加霜。更严重的是，生气极有害于身心健康，简直是自己"摧残"自己。

德国学者康德说："生气，是拿别人的错误惩罚自己。"古希腊学者伊索说："人需要平和，不要过度地生气，因为从愤怒中常会产生出对于易怒的人的重大灾祸来。"俄国作家托尔斯泰说："愤怒使别人遭殃，但受害最大的却是自己。"清末文人阎敬铭先生写过一首《不气歌》，颇为幽默风趣：

他人气我我不气，我本无心他来气。

倘若生气中他计，气出病来无人替。

请来医生将病治，反说气病治非易。

气之为害太可惧，诚恐因气将命废。

我今尝过气中味，不气不气真不气！

生气既然不利于建立和谐的人际关系，也极有害于自己的身心健康，我们应当学会控制自己，尽量做到不生气，万一碰上生气的事，要提高心理承受能力，自己给自己"消气"。要学会息怒，要"提醒"和"警告"自己："万万不可生气""这事不值得生气""生气是自己惩罚自己"，使情绪得到缓冲，心理得到放松。

# 第八章

大声向坏心情说拜拜

心情的好与坏，就像黑夜与光明相互交替，只有知道怎样适应它们，才能在生活的波澜中找到真正的平衡。生活从来不会一帆风顺，总会有起起落落。学会在逆境中保持希望，我们才能以更加从容的姿态面对人生的种种挑战，在跌宕起伏中成长。

# 心情最重要，别的先放下

前两天跟一个朋友吃饭，他一开口，最近的一些心情状态就表露无疑。

他说："我近来真是烦透了。那天一早开车出门，眼看着别人都是绿灯，就只有我是一路红灯，走到哪儿红灯就跟到哪儿，真是够倒霉的！"

他继续说："中午出去买自助餐，结果排长队，好不容易快轮到我了，这时居然有个人冒出来插队，公理何在？于是我站出来，狠狠修理了他一顿。"

他还没说完："晚上跟朋友吃饭，吃完后要拿停车券去盖免费章，结果服务员说我们消费少于四十元，因此不能盖章，气得我当场敲桌子。"

他说了半天还没说完："晚上回到家，一进门太太就唠叨，小孩又哭又叫，连在家也不能清静。好不容易挨到睡觉时间，终于可以结束这令人难耐的一天，没想到一上床，床头柜的灯怎么也熄不灭，我这下可是受够了，一把抓起拖鞋，往灯泡那儿重重甩去，这才结束了抓狂的一天。"

——听起来的确够惨！

不知道你是不是也觉得，最近比较烦、比较烦、比较烦呢，就像周华健那首歌唱的一般。而且只要一早开始不太顺心的话，往往接下来一天就毁了。

为什么会如此呢？这是因为，负面情绪是有累加效果的。

也就是说，每多一个小挫折，就会让我们的抗压能力多打一个折扣。因为当我们遭遇不顺心，而心情跟着烦躁起来时，身体内与压力相关的激素也会随之异常分泌，因此会影响到接下来的挫折忍受度，就好像温度直线上升的热水，越烧越接近沸点。

这也就说明了为何一大早出了些状况后，原本可能要到"烦人指数"十分的事才会惹急我们，眼下若出现个"烦人指数"三分的状况，我们就会开始"发狂"，而无辜的旁人就倒霉啦！

正因情绪有累加效果，所以在生活中我们必须审慎处理每一个压力状况，以免"小不爽，则乱大谋"。

而改变这种状况的有效做法，则是在负面心情一开始出现时，就能主动地意识到"有状况了"，然后告诉自己，得快快关火，以免越烧越旺，一发不可收。

事实上，当你能够觉察到出现这种状况时，就已经关掉一半的火力了，接下来心情自然不易失控。

为了避免让烦躁的情绪像煮开水那样越煮越热，防患未然就显得特别重要。

不妨准备一些调整心情的口头禅，在自己情绪快要沸腾时，拿出来提醒自己。跟你分享我自己的心情口诀："心情最重要，别的先放下。"

"心情最重要，别的先放下。"如果今天碰到了有些怪怪的人，或发生了令人不耐烦的事，就赶紧在心里暗念这句口诀，重复几次之后，烦躁不安的情绪就能得到缓解。此外，研究也发现，重复同一个念头，会让意念集中，而减少焦虑不安。

# 不抱怨，只解决问题

你信不信，乐观的人所列出的烦恼事项远低于悲观的人，而他们花在抱怨上的时间也远远少于悲观的人。

这给了我们什么样的启示呢？

乐观的人在面对挫折的时候，才不会花时间去怪东怪西："都是他搞的鬼……"要不就是："为什么我老是这么倒霉？"

他们共同的态度是："没时间怨天尤人，因为正忙着解决问题呢。"

而我们少一分时间抱怨，就能多一分时间进步。

这也说明了为何乐观的人比较容易成功，因为他们的时间及精力永远用来改善现况。

所以，要培养乐观一点也不难，就从现在开始，把注意力的焦点从"往后看怨天尤人"，改为"向前望解决问题"就行了。

实际的做法，则是闭口不提"为什么总是我……"，而用另一句话"现在该怎么办会更好"来代替。

在面对不如意时，只要改成积极应对的思维方式，你会发觉自己的挫折忍受力大为增强，而更容易从逆境中走出来。

我们可能无法改变风向，但至少可以调整风帆；我们可能无法左右事情，但至少可以调整自己的心情。

第八章 大声向坏心情说拜拜

133

# 留一分欢喜给自己

当坎坷和挫折接踵而来，一次次落在你的肩头时，你是否觉得自己是这个世界最不幸的人？当你的生活屡遭磨难时，你是否觉得忧愁总多于欢喜？其实，欢喜只是一种心情、一种感受，就看你如何去寻找。

当外界种种困厄侵袭你时，为什么不自己给自己制造一分欢喜？你可以看看云，望望山，散散步，写几首小诗，听一支激昂的歌，把忧伤留给过去，假如从这里所得到的快乐远不能使你摆脱生活的沉重，不妨在心里默默祈祷，并坚信你就是这个世界上最快乐的人。天长日久，一旦在心中形成了一个磁场，并逐渐强化它，尽心尽力做好每件事，让自己从平凡的生活中得到丝丝欢喜，你真的就是这个世界上最快乐的人。

实际上，那些唱着歌昂首阔步地走路的人，那些怀着许多希望生活的人，又有几个不负着沉重的压力？只不过他们将自己的泪和悲伤掩藏起来，将欢喜的一面展现给别人，让人觉得他们生活无忧无虑，是世界上最快乐的人，而自己便也从这种快乐中真正获得了心灵的轻松。

每次途经一条条长长的街，那些卖瓜果、冷饮、蔬菜的小贩，有的大声地吆喝着；有的就靠在小树旁独自小憩；有的捧着一本书有滋有味地读着，全然没有忧郁和叹息。他们可能生活得比我们艰难和沉重。如果遇到刮风下雨、雪花飞扬，或许他们没有一文的收入，如果有什么意外，他们必须独自去承担。但是，即使住在低矮的、高价租来的房屋中，依然有喷香的佳肴经他们手变幻出来，依然有快乐的歌声在小屋中飘荡——那就是对生活的希望啊！

如果你能积极创造生活，体悟生活中的欢喜，还有什么能阻拦你前进的步伐？

客居异乡，每每觉得无聊苦闷时，就常常独自一人上街去看那些平凡的人世。忙忙碌碌的人群，新奇鲜艳的商品，绿树如荫的小道，嬉戏玩闹的孩童，随处可见的小贩……渐渐了悟，每个生活在世上的人其实都不容易，但是也没有一个人止步不前——因为生活的欢喜是要自己去寻找的。

欢喜是一朵花，无论多么贫贱，只要你认为它是美丽的就能闻到那沁人心脾的幽香；欢喜是渐渐清晰的高山，将一分清爽和静谧给你；欢喜是你曾失去的许多，被你用努力和真情换回。对一个有着丰富内涵、有着不懈追求的人来说，欢喜是永恒的，和他的心一样多姿多彩且充满芬芳，生活中多一分欢喜，就多一分坦然。

# 找一个装“多余”的兜

　　人的一生会拥有无数的东西，亲情、爱情、友情……当我们承载得太多时，不妨找一个装“多余”的衣兜，把那些暂时无法承载的装进去，让自己轻松地继续前行。

　　丈夫过而立之年的生日那天，她精心为他做了一顿饭。一顿饭对别人来说也许算不了什么，但对于很久不曾下厨房的她来说，看着自己花费整整一个下午的宝贵时间精心做出来的“作品”，连自己都感动了。

　　烛光下，守着自己的杰作，想象着他回来时的兴奋表情。

　　六点钟的时候，他回来了，只看了一眼她为他精心做好的“作品”，露出了一丝疲惫的微笑，就忙着接电话去了。她甜蜜的感觉立时大打折扣，整个晚上心情就像昏暗的烛光，再也亮不起来了。

　　心情不好的时候，她总是去购物。第二天是周日，她把丈夫扔在家，自己和女友逛街去了。

　　她买了好多衣服，可她朋友一样也没买。朋友想买一条带兜的裙子。可是她们从头逛到尾也没找到合适的。

　　她有些不解地问：“为什么一定要带兜的裙子呢，那个小兜兜什么也放不下呀。”

　　“但是可以放手啊！你不觉得有些时候手是多余的吗？”朋友一边说一边把放在衣兜里的手拿出来又放进去，重复着给她看。

生命中很重要的可以擎起很多重量的手现在竟成了多余的！还有一些时候，我们也感觉到了自己的手多余。当我们站在众人面前讲话，或者在路旁遇到熟人寒暄，或者和心爱的人依偎漫步时，我们真的感觉到有一只手是多余的，无处安放。于是，小时候装糖果、玩具的衣兜现在用来放手了。

就在这一瞬间她突然明白：原来我们一直以为很重要的东西在有些时候也会显得微不足道，甚至感到多余！就如同多余的手一样，只有你自己知道是多余的，而这样的多余其实也是人生的一个部分，因为你无法预料它何时为珍贵，何时为多余，只要能够找一个地方安放，你就能自我安慰、自我鼓励。

人不会总是轻松，轻松构不成完整的人生。

就像爱，还有由爱带来的快乐和痛苦、幸福和悲伤。

爱固然很重要，但是不应该重要到可以毫无缘由地让别人来全部承受，这样的承受会让人感觉到爱是如此沉重。快乐与痛苦、幸福与悲伤，都是你自己的，你的心境、你的感受、你的想象不可能完整地与人分享，能够分享的也只是其中的一部分，多出来的部分你要找一个心灵的衣兜，暂时安放、收藏。这是对他人的善待，也是对自己的善待。

# 自嘲是保持心理平衡的良方

在日常生活中，每个人都会遇到一些让人感到难堪的玩笑，如不知怎样调节情绪，沉着应付，就会陷入窘迫的境地，相反，如采取适当的"自嘲"方法，不但能使自己在心理上得到安慰，而且还能使别人对你有一个新的认识。

鲁迅先生生前饱受迫害，他在《自嘲》诗中写道："运交华盖欲何求，未敢翻身已碰头。"这既是对自己遭遇的诙谐写真，也是投给反动派的枪弹。著名漫画家韩羽是秃顶，他写了这样一首《自嘲》诗："眉眼一无可取，嘴巴稀松平常，唯有脑门胆大，敢与日月争光。"读之令人忍俊不禁，使我们想到韩羽先生乐观、大度的处世态度。香港有个演员太胖，面对这种情况，她不是挖空心思地去减肥，而是把精力用在事业上，甚至给自己取艺名为"肥肥"，结果她以自己的才华赢得了观众的认可。

自嘲，产生于对人生哲理的深刻体察，是既看到自己的不足，又看到自己长处后的一种自信。自嘲，是最为深刻的自我反省，而且是自我反省后精神的超越，显示着灵魂的自由与潇洒。自嘲，标志着一定的精神境界。自嘲，也是缓解心理紧张的良药，它是站在人生之外看人生。自嘲又是一种深刻的平等意识，其基础是，自己也如他人一样，有可以嘲笑的地方。自嘲，是保持心理平衡的良方，当孤立无援或无人能助时，自嘲可以帮自己从精神枷锁中解救出来。能自嘲的人，起码心眼不会狭窄，提得起，放得下，以一种平常恬静的心态，去品味与珍藏生活中的酸甜苦辣，去参透与超越人世间的利禄功名，从而获得潇洒充实的人生。

　　自嘲是幽默的近邻，它从幽默那里借来精髓，自我消炎止痛，抚慰心灵。自嘲不是一阵痛楚的分娩，而是一道麻辣的菜肴。

# 让自己的心亮起来

第二次世界大战期间，一个多云黯然的午后。英国小说家西雪尔·罗伯斯照例来到郊外的一个墓地，拜祭一位英年早逝的文友。就在他转身准备离去时，意外地看到文友的墓碑旁有一块新立的墓碑，上面写着这样一句话：

全世界的黑暗也不能使一支小蜡烛失去光辉！

这闪着智慧灵光的语言，立刻温暖了罗伯斯忧郁的心，令他既激动又振奋。罗伯斯迅速从衣兜里掏出钢笔，记下了这句话，他以为这句话一定是引用了哪位名家的名言。为了尽早查到这句话的出处，他匆匆地赶回公寓，认真地逐册逐页翻阅书籍。可是，找了很久，也未找到这句名言的来源。

于是，第二天一早他又来到墓地。从墓地管理员那里得知，长眠于那个墓碑之下的是一名年仅10岁的少年，在前几天德军空袭伦敦时，不幸被炸弹炸死。少年的母亲怀着悲痛，为自己的儿子做了一个墓，并立下了那块墓碑。

对付压抑昏暗的环境，最好的办法是让自己的心亮起来。我们每个人的心中都拥有一支蜡烛。当一个人在气馁、失败，甚至感到有些绝望时，不妨激活自己，点亮自己心中的蜡烛。当心烛燃亮时，黑暗就会消失，留下来的就会是一个令人感叹的奇迹。

假如你觉得世界昏暗，那是因为你自己心中不够灿烂；假如你觉得孤单，那是因为你自己关闭了心灵的窗户。

# 最难出狱的是心牢

有一位从战俘营死里逃生的人，去拜访一个当时关在一起的难友。

他问这位朋友："你还痛恨那群残暴的家伙吗？"

"是的，我永远都不会原谅他们，我恨透他们，恨不得将他们碎尸万段！"朋友说。

他听了之后，淡然回道："若是这样，那他们仍囚禁着你。"

最难出狱的牢是"心牢"，不肯原谅会比你痛恨的对象伤你更深。

《基督山伯爵》中有一句很有哲理的话："仇恨原是盲目的，愤怒则会使人丧失理智。那个给自己倒复仇之酒的人，很可能会品尝到苦涩的滋味。"通常我们愈是认为永远也不会饶恕的人，就愈是我们需要原谅的人。是的，以前是发生过这么一件不愉快的事，但你可以决定不再让自己活在那里面。

# 把昨天的门关上

对于生活态度，有位哲人说得很好："不该记住的，让我忘了吧；不该忘记的，教我记住吧！"

我们不一定要等到春天才进行大扫除。不妨把陈旧的东西时时加以分类，把不需要的全部扔掉，不要让它们成为包袱。

在这纷繁喧嚣的世界，要宁静地生活，需要有良好的心态，否则狂热、急躁、焦虑、失落便会给我们披枷戴锁。

有些事我们应该担忧，但是要用头脑审慎思考，不能任由情绪牵引，更不能凭空想象。因为，许多事已追悔莫及，有些事却遥不可及，对这些做无谓的担忧，不仅是折磨自己，而且是对生命的浪费！

自寻烦恼是最愚蠢的，因为现实生活中要烦忧的事情实在太多，我们只应忧虑可能发生的事情，而不要杞人忧天。有些事情可能根本就不会发生，即使发生，也不见得真如自己想象的那么不可收拾。

公共场合写有"随手关门"的字样，细细想来很富于哲理。运用在整理自己的心情上，不失为一个良策。对于过去的忧愁、怨愤、挫折，就把它们关在门外，让一切过去吧。

盯紧前面的路吧，后视镜只是用来避免麻烦的。

# 让失去变为可爱

唐代的柳宗元在一篇文章中说，有一种善于背东西的小虫叫蝂蝂，行走时遇见东西就拾起来放在自己的背上，高昂着头往前走。它的背，堆放上东西，是掉不下来的。由于蝂蝂不停止的贪婪行为，最后背上的东西越来越多，越来越重，终于它累倒在地上。

人赤裸裸地来到这个世界，又赤手空拳地离去。其间的一生也不可能永远地拥有什么，一个人获得生命后，先是童年，接着是少年、青年、壮年、老年。在你得到什么的同时，其实也在失去。所以说人生的获得本身就是一种失去。

人生在世，有得有失，有盈有亏。有人说得好，你得到了有名的声誉或高贵的权力，同时就失去了做普通人的自由；你得到了巨额财产，同时就失去了淡泊清贫的欢愉……

我们每个人如果认真地思考一下自己的得与失，就会发现，在得到的过程中也确实不同程度地经历了失去。整个人生就是一个不断地得而复失的过程。一个不懂得什么时候该失去什么的人，就是愚蠢可悲的人，就会像贪婪的蝂蝂，终于累倒在地，爬不起来。

俄国伟大诗人普希金在一首诗中写道："一切都是暂时，一切都会消逝；让失去的变为可爱。"居里夫人的一次"幸运失去"就是最好的说明。1883年，天真烂漫的玛丽亚（居里夫人）中学毕业后，因家境贫寒没钱去巴黎上大学，只好到一个乡绅家里去当家庭教师。她与乡绅的大儿子卡西密尔相爱，就在他俩私下计划结婚时，却遭到卡西密尔父母的反对。这两位老人虽然深知玛丽亚生性聪明，品德端正。但是，贫穷的女教师怎么能与自己的家庭相匹配？父亲大发雷霆，母亲几乎晕了过去，卡西密尔只好屈从了父母的意志。

失恋的痛苦折磨着玛丽亚，当时她曾有过"向尘世告别"的念头。幸好玛丽亚放下情缘，刻苦自学，并帮助当地贫苦农民的孩子学习。几年后，她又与卡西密尔进行了最后一次谈话，她发现卡西密尔还是那样优柔寡断，她终于决定结束这段感情，去巴黎求学。这一次"幸运的失恋"，虽然是一次失去。但如果没有这次失去，她个人的历史将会是另一种写法，或许世界上就会少了一位伟大的科学家。

当我们学会习惯于失去时，往往能从失去中获得更多。得其精髓者，人生则少有挫折，多有收获。人的心情也会从幼稚走向成熟，从贪婪走向博大。

# 敞开心扉

一个年轻人整日忧愁不已，足不出户，把自己关在斗室里，隔窗看见外边的人个个欢声笑语，他十分羡慕。他想，快乐肯定是有秘诀的，自己一定是没有找到快乐的秘诀，如果能够找到，那么自己脸上也一定能够洒满明媚的阳光的。

他决定为自己寻找快乐的秘诀。

但他请教了许多人，大家都是摇摇头说："我们虽然每一天都很快乐，但却从来没有什么秘诀。"

有一天，年轻人在一个竹园旁遇到一个乐观的篾匠。篾匠一边轻松地劈着竹篾，一边快乐地歌唱着，偶尔也会停下来，快活地对着竹园深处模仿鸟儿的清脆叫声。

年轻人想，这么乐观的人，一定是懂得快乐秘诀的。于是他问篾匠："师傅，你这么快乐，一定知道快乐的秘诀是什么吧?"

"快乐的秘诀?"篾匠笑了说，"当然我知道的，如果不知道我能这么快乐吗?"

年轻人一听，十分高兴，忙向篾匠求教说："师傅，你能把快乐的秘诀告诉我吗?"

篾匠说，"怎么不可以呢?"说着，篾匠提起篾刀砍倒了一棵竹子，把竹子递给年轻人说："小伙子，笛子就是用竹子做的，你能用这根竹子吹出好听的曲子吗?"

年轻人十分为难地说："笛子是用竹子做的，但竹子怎么能吹出动听的曲子呢?"

篾匠说:"其实这很容易。"说着,便在竹子上钻出了一溜小孔,又利落地打通了竹节里的薄薄竹隔,说:"只要打通这些竹隔,竹子就变成笛子了。"说着便捧着竹子吹出了一曲曲动人的歌曲。

年轻人看着摇头晃脑吹笛子的篾匠,不解地问:"师傅,做笛子和吹笛子同快乐的秘诀是什么呢?"

篾匠说:"笛子就是快乐的秘诀。"

见年轻人越发不理解了,篾匠只好放下笛子解释说,竹子之所以吹不出曲子,那是因为每节竹节里都有竹隔,内心里不能通畅,所以是不能吹出快乐的曲子的。但如果你能把竹节里的竹隔打开,让竹子内心通畅,让风可以从这端顺利地通向那端,那么竹子就可以成为快乐而动人的笛子了。

年轻人想了想说:"你的意思是要把自己的心灵彻底打开,不留一点的心隔,这就是快乐的秘诀了吗?"

篾匠高兴地点了点头说:"对,没有了竹隔,沉默的竹子可以成为快乐的笛子。没有了心隔,那么你的心灵就能注满温馨的风和明亮的阳光,那么心灵就能奏出比歌曲更美好的快乐了。"

快乐就是这么简单,只要我们能敞开自己的心扉,那么生活就会为我们吹奏出轻快而动人的歌谣。

在暗室里点亮一盏灯,黑暗就会自然消失——黑暗之所以存在,是因为光的缺席。一旦你把光亮带进来,那么苦痛、迷惑、黑暗就无法继续。

# 常做心灵"大扫除"

家乡有年前大扫除的风俗，在逐一清理物件时，我们常常惊讶自己在过去短短的时间内，竟然积累了那么多的东西！

人心又何尝不是如此！每个人不都是在不断地累积东西？这些东西包括名誉、地位、财富、亲情、人际、健康、知识等，当然也包括了烦恼、郁闷、挫折、沮丧、压力等。这些东西，有的早该丢弃而未丢弃，有的则是早该储存而未储存。

不妨问自己一个问题：我是不是每天忙忙碌碌，把自己弄得疲惫不堪，以至于总是没能好好静下来，替自己的心灵做清扫？

对那些会拖累自己的东西，必须立刻放弃——这是心灵大扫除的意义，就好像是生意人的"盘点库存"。你总要了解仓库里还有什么，某些货物如果不能限期销售出去，最后很可能会因积压过多而拖垮生意。

很多人都喜欢房子清扫后焕然一新的感觉。你在擦拭掉门窗上的尘埃与地面上的污垢，让一切整理井然之后，整个人就好像突然得到一种释放。这是一种成就感，虽然它很小，但能给人带来愉悦。

在人生诸多关口上，人们几乎随时随地都得做"清扫"。念书、出国、就业、结婚、离婚、生子、换工作、退休……每一次的转折，都迫使我们不得不"丢掉旧的你，接纳新的你"，把自己重新"打扫一遍"。

不过，有时候某些因素也会阻碍人们放手进行"扫除"。譬如，太忙、太累；或者担心扫完之后，必须面对一个未知的开始，而你又不能确定哪些是你想要的。万一现在丢掉的，将来需要时捡不回又该怎么办？

　　的确，心灵清扫原本就是一种挣扎与奋斗的过程。不过，你可以告诉自己：每一次的清扫，并不表示就是最后一次。而且，没有人规定你必须一次全部扫干净。你可以每次扫一点，但你至少必须立刻丢弃那些会拖累你的东西。

　　我们毕竟无法达到"菩提本无树，明镜亦非台"的境界，但可以做到"时时勤拂拭，莫使染尘埃"！